弱胶结砂岩
力学特性及本构模型

汪泓　杨天鸿◎著

中国矿业大学出版社

· 徐州 ·

内 容 提 要

对于煤矿建设生产过程中的矿山压力控制,弱胶结砂岩的力学特性具有重要影响,因此,研究弱胶结砂岩的力学特性对岩层破坏机理和顶、底板失稳控制具有重要的理论和实际意义。

本书以取自陕北榆横矿区小纪汗煤矿的弱胶结砂岩为研究对象,基于细观结构测试、岩石力学试验、理论分析及数值模拟等技术与方法,分析了弱胶结砂岩的细观结构、矿物成分、力学特性和变形特征以及能量演化规律和声发射特征,提出弱胶结砂岩的本构模型并进行了数值实现。

本书可供从事采矿工作的工程技术人员参考,也可作为我国高等学校采矿工程专业的教学参考书。

图书在版编目(C I P)数据

弱胶结砂岩力学特性及本构模型 / 汪泓,杨天鸿著.
徐州 : 中国矿业大学出版社,2024.11. — ISBN 978 - 7 -
5646 - 6574 - 6

Ⅰ. TU45

中国国家版本馆 CIP 数据核字第 2024U261A0 号

书　　名	弱胶结砂岩力学特性及本构模型
著　　者	汪　泓　杨天鸿
责任编辑	满建康　王美柱
出版发行	中国矿业大学出版社有限责任公司
	(江苏省徐州市解放南路　邮编 221008)
营销热线	(0516)83885370　83884103
出版服务	(0516)83995789　83884920
网　　址	http://www.cumtp.com　E-mail:cumtpvip@cumtp.com
印　　刷	江苏淮阴新华印务有限公司
开　　本	787 mm×1092 mm　1/16　**印张** 8.75　**字数** 224 千字
版次印次	2024 年 11 月第 1 版　2024 年 11 月第 1 次印刷
定　　价	45.00 元

(图书出现印装质量问题,本社负责调换)

前　言

目前,我国煤炭生产的重心已经逐渐转移到晋、内蒙古、陕、宁、甘等中西部地区,上述地区广泛分布着形成于侏罗纪、白垩纪的弱胶结含煤地层,其中,弱胶结砂岩是该地层主要成分之一。对于煤矿建设生产过程中的矿山压力控制,弱胶结砂岩的力学特性具有重要影响,因此,研究弱胶结砂岩的力学特性对岩层破坏机理和顶、底板失稳控制具有重要的理论和实际意义。本书以取自陕北榆横矿区小纪汗煤矿的弱胶结砂岩为研究对象,基于细观结构测试、岩石力学试验、理论分析及数值模拟等技术与方法,分析了弱胶结砂岩的细观结构、矿物成分、力学特性和变形特征,以及能量演化规律和声发射特征,提出弱胶结砂岩的本构模型并进行了数值实现。本书的主要研究内容如下:

(1)分析了弱胶结含煤地层的分布情况以及成岩作用,系统地研究了弱胶结砂岩的成岩过程、特点及胶结特征;通过偏光显微镜、X射线衍射分析以及扫描电镜等细观检测方法分析弱胶结砂岩的矿物成分及细观结构,研究了其矿物颗粒的主要成分、胶结物的类型以及矿物颗粒和胶结物之间的骨架结构等。上述特点对弱胶结砂岩的力学特性产生了显著影响。

(2)提出了以轴向应变法确定压密阶段来表征弱胶结砂岩的力学特性,针对弱胶结粗砂岩和中砂岩进行压密段长度的分析并与其他类型的砂岩对比,分析了小纪汗煤矿弱胶结砂岩在单轴压缩条件下的压密阶段较长的特征;提出了以压密阶段应变占峰前应变的比例较高这一特征来鉴别弱胶结砂岩;同时研究了不同围压对弱胶结砂岩压密阶段的影响。

(3)对干燥和饱和弱胶结砂岩试件进行单轴循环加卸载试验,研究了其在循环荷载过程中的力学响应及水岩作用对弱胶结砂岩的弱化机理;分析了随循环次数增加干燥和饱和弱胶结砂岩中的弹性应变能、耗散能的演化规律,从能量角度研究了干燥、饱和状态下岩石损伤破坏过程中的能量累计数与耗散特征、能量与损伤之间的内在机制,以及弱胶结砂岩对水作用的敏感性。

(4)开展了弱胶结砂岩单轴压缩声发射试验,研究了声发射振铃累计数与能率曲线的特征类型及声发射事件的时空演化规律;分析了层理倾角对声发射特征以及声发射事件时空分布的影响;对干燥和饱和弱胶结砂岩进行循环荷载条件下的声发射试验,研究了水岩作用对声发射特征的影响,并基于加卸载响应比理论分析了弱胶结砂岩的声发射破坏前兆特征。

（5）构建了弱胶结砂岩双应变胡克（TPHM)-统计损伤分段式本构模型；通过采用数字图像技术和统计方法对弱胶结砂岩CT（计算机体层扫描）扫描数字影像灰度的分布特征进行分析，得到了基于灰度的岩石均质度 m；在此基础上通过嵌入FLAC3D软件对提出的本构模型进行验证，得到了应力-应变曲线，进一步分析了弱胶结砂岩破坏过程中的应力场及损伤区的变化特征。

东北大学徐涛教授、于庆磊教授、刘洪磊教授、张鹏海副教授参与了部分研究工作，并指导了本书相关内容的写作。同时，本书的研究工作得到了陕西华电榆横煤电有限责任公司小纪汗煤矿工程技术人员的帮助，在此一并表示感谢！

本书的出版还得到了如下资助：国家自然科学基金地区科学基金项目（52364008）。

由于水平所限，本书难免存在疏漏和欠妥之处，恳请广大读者批评指正。

著　者
二〇二四年一月于贵州大学

目 录

第1章 绪 论

1.1 选题的依据及意义

作为我国能源的主要来源,煤炭在国民经济建设中占据举足轻重的地位,随着国家经济建设的快速发展,人们对能源的需求日益增加,尽管在能源多元化方面有了长足进步,但是煤炭在可预期的未来仍将是我国最主要的能源之一。根据《2017煤炭行业发展年度报告》和《2018煤炭行业发展年度报告》,2017年全年原煤产量为35.2亿t,2018年全年原煤产量为36.8亿t,在我国目前缺油少气的背景下,煤炭需求依然很大。根据《能源发展战略行动计划(2014—2020)》,2020年,全国煤炭消费比重降至62%以内。我国的煤炭资源从地理区位上划分很不均匀,总体上呈现"西部多东部少""北部多南部少""资源相对集中"三大特点[1],根据《2020年全国矿产资源储量统计表》,我国西部地区煤炭储量为896.5亿t,占全国储量的55.2%。随着我国东部地区煤炭资源的减少,我国《能源发展"十二五"规划》中明确提出了控制东部、稳定中部、发展西部的煤炭生产战略布局,规划建设的10个亿吨级和10个5 000万吨级的大型煤炭基地中就包括神东、陕北、黄陇、宁东、新疆等位于西部地区的基地。因此,保障西部地区的煤炭生产是我国能源发展的重要途径。

随着对煤炭资源需求的日益增加,我国重点的煤炭资源开发基地已经向西部转移[2];但西部地区特殊的地理环境、生态环境和地质条件,使得煤炭生产面临着新的问题。由于西部地区较为特殊的地层沉积过程、成岩环境和成岩年代,含煤地层中广泛分布着弱胶结地层,其主要岩石类型之一为弱胶结砂岩,包括粗粒及中粒砂岩、泥质砂岩和砂质泥岩等类型[3-7]。此类岩石主要的特征有强度较低[8-9]、浸水后容易发生弱化或软化[9-10]、胶结物的胶结程度低且孔隙率相对较高[10-11]等,上述特征主要是由于经过长期的地质演化过程,弱胶结砂岩在地层压实、颗粒之间的胶结以及外界环境的溶蚀等作用下,形成了具有自身特点的裂隙与孔隙分布,从而造成弱胶结砂岩存在一些异于其他软岩的力学和结构特征[12-14]。在西部许多重要煤炭生产基地的矿井中,弱胶结地层作为煤层的顶、底板岩层较为常见,弱胶结岩石的特殊物理和力学特性,导致在矿山巷道开挖过程中和开挖后,围岩的自稳能力较低并容易引起巷道变形[15],地层中的岩体也会变形失稳。除此之外,西部地区弱胶结含煤地层地下水较为发育,水岩相互作用也会进一步加剧弱胶结地层矿山巷道的不稳定性[16-17]。

随着西部地区煤矿开采机械化、高强度、智能化的深入推进,对弱胶结砂岩在不同条件下的受力变形破坏机理开展深入研究是十分必要的。本书拟通过开展物理试验、理论分析和数值模拟,对弱胶结砂岩的细观结构、力学特性、能量演化机制、声发射特征及本构关系进行研究,研究成果对于矿山的安全生产具有重要的现实意义,能够为矿山生产中的岩体破坏和顶、底板失稳导致的灾害防治研究提供理论依据。

1.2 国内外研究现状

1.2.1 弱胶结砂岩地质特征及细观分析研究现状

1.2.1.1 弱胶结砂岩地质特征研究现状

弱胶结砂岩在我国西部地区分布广泛,对于该地区的矿山建设生产、岩土工程施工、天然气和石油勘探开发项目的安全性和稳定性具有重要的影响作用。研究弱胶结砂岩的复杂成岩环境和过程、地层的沉积历史、成岩作用,对于研究弱胶结砂岩的力学特性具有重要意义。

赵俊峰等[18]对鄂尔多斯盆地侏罗系直罗组砂岩的发育特征进行了研究,结果表明,直罗组砂岩总体成熟度较低,直罗组下段辫状河道砂岩具有良好的渗透性、连通性和成层性。王琪等[19]利用鄂尔多斯盆地临兴地区下石盒子组铸体薄片、扫描电镜、阴极发光、包裹体分析以及地球化学等资料,对研究区下石盒子组不同粒级砂岩的岩石学特征、成岩演化序列以及埋藏过程中孔隙的定量演化进行了研究,结果表明,成岩演化阶段,粗砂岩经历的成岩作用较为完全,而细砂岩在早成岩 B 期就已经基本致密化,中砂岩则为二者的过渡型。赵虹等[20]以鄂尔多斯盆地东北部侏罗系延安组 3-1 煤层顶板为例,研究了顶板砂岩沉积微相与煤矿生产安全的关系,结果表明,鄂尔多斯盆地侏罗系延安组是盆地内主要的产煤层系之一,延一段、延三段岩性粗,赋存的煤层厚而稳定性差,中部延二段岩性细,赋存的煤层多而较稳定。周劲松等[21]在对北山盆地侏罗系砂岩进行研究时,认为北山地区侏罗系煤系砂岩最具特色的成岩现象是较为强烈的压实作用,这也是岩石中孔隙减少的重要原因,同时,与煤层共生的细碎屑岩在弱胶结砂岩成岩过程中也表现出强烈的压实作用。王海军等[22]针对陕北侏罗纪煤田某矿井 3 号煤层,研究了其煤层顶板各沉积微相岩石的力学特征,结果表明,煤层直接顶板以泥岩、粉砂质泥岩为主,形成于三角洲平原亚相中的沼泽、湖泊沉积微相;基本顶以中-细粒砂岩为主,形成于分流河道沉积微相;沉积环境不仅控制煤层顶板的岩性分布,而且控制岩石的力学参数及含水层富水性的分布。何明倩等[23]对鄂尔多斯盆地南部含煤地层中致密砂岩的储层特征及成岩作用进行了研究,结果表明,成岩作用对储层特征具有重要影响。

1.2.1.2 弱胶结砂岩细观分析研究现状

弱胶结砂岩生成的地质年代、地层沉积特点和成岩环境,使得其内部结构与成岩物质具有区别于其他类型岩石的特殊性,学者们通常采用细观研究的方法对弱胶结砂岩的结构进行研究。根据研究对象的不同,其研究尺度一般为 10 nm～1 mm,所采用的方法包括电镜扫描、偏光显微镜、X 射线衍射分析、CT(计算机体层扫描)扫描、声发射技术等。针对弱胶结砂岩,细观研究的内容包括组成岩石的矿物成分,岩石细观尺度的结构、孔隙分布以及裂纹的扩展特征等。

彭涛等[24]通过对全国多个地区的煤矿软岩进行分析,将其中的黏土矿物分为高岭石类、伊利石类和蒙脱石类三种,并且按照成岩年代和黏土矿物特征将软岩划分为古生代、中生代和新生代三个类型,以此来揭示不同成岩年代煤矿软岩的物理和力学特征。张俊杰等[25]对柳江盆地内的二叠系上盒子组砂岩进行了扫描电镜试验和 X 射线能谱测试,结果表明,石英和长石是此类岩石的主要矿物成分,高岭石和绿泥石等黏土矿物次之,同时通过黏土矿物的种类组合特征判断此类砂岩处于中成岩早期阶段。赵永刚等[26]通过岩芯观察及岩石薄片鉴定,利用 X 射线衍射、铸体薄片图像和扫描电镜等分析手段研究了陕北斜坡中部储层砂岩的孔隙特征及矿物组成,结果表明,粒间孔是最主要的孔隙类型,早成岩阶段的自生绿泥石胶结、微晶石英胶结和碳酸盐矿物胶结均对粒间孔有胶结作用。谢英刚等[27]对鄂尔多斯盆地临兴地区下石盒子组砂岩进行了岩石薄片、扫描电镜和阴极发光等试验,结果表明,压实、胶结和溶蚀作用是主要的成岩作用,其中,压实作用会导致孔隙压密而胶结作用会堵塞孔隙。李回贵等[28]采用 FEI-SEM 扫描电镜和能谱仪研究了神东矿区砂岩中不同类型结构面的微观结构及元素特征,结果表明,砂岩中的结构面分为含煤Ⅰ类和含云母Ⅱ类。李华敏等[29]利用偏光显微镜、扫描电镜、核磁共振仪等仪器获得了神东矿区砂岩的成分、微观结构与孔隙特征,结果表明,砂岩的主要成分为长石(40%)、石英(15%),同时含有少量云母等;钙质和泥质胶结分别为粉砂岩及细砂岩的胶结形式,另外指出砂岩的颗粒直径与孔隙大小服从正态分布。黄思静等[30]研究了鄂尔多斯盆地等区域砂岩储层中的白云石胶结物、硅质胶结物和黏土矿物胶结物的产状、胶结作用发生时间和机制,结果表明,胶结作用多发生在成岩早期,分散的胶结作用可以使岩石强度增大,同时砂岩内部的孔隙能够很大程度上予以保存。赵宏波[31]对鄂尔多斯盆地榆林地区含煤地层的石英砂岩进行了研究,结果表明,成岩时期的酸性孔隙水导致碳酸盐胶结物、低硅质胶结物以及高岭石发育;石英砂岩的孔隙类型为残余粒间孔＋次生溶蚀孔的孔隙组合,成岩时期的压实和硅质胶结作用是形成此类砂岩的主要原因。罗龙等[32]采用薄片鉴定、扫描电镜、包裹体测温、岩芯观察等手段对川西坳陷新场构造带须家河组二段砂岩中的硅质胶结物的特征进行了研究,结果表明,胶结物的主要产出形式为次生加大石英和孔隙填充自生石英,其内部来源为碎屑石英因压溶作用而释放的流离硅和砂岩内部黏土矿物转化释放的游离硅,外部来源为下伏泥岩的黏土矿物转化释放并通过裂隙向上运移进入须家河组二段砂岩的 SiO_2。范钢伟等[33]通过 SEM(扫描电子显微镜)扫描结合数字图像处理技术,研究了不同 pH 碱性溶液、不同浸泡时间对弱胶结粉砂岩微观结构和孔隙分形维数的影响规律,确定了孔隙分形维数、孔隙率与单轴抗压强度和抗拉强度之间的函数关系,建立了碱水侵蚀条件下弱胶结粉砂岩劣化的非线性动力学模型。康天合等[34]通过细观研究方法,对软岩的矿物成分构成、细观结构以及水化作用的物理力学特性展开研究,提出了物化型软岩由硬质砂粒-黏土矿物叠层构成的观点,并建立了相应的胀缩几何方程。

上述成果中,针对石油、天然气工程领域砂岩地层地质特征的研究较多,针对弱胶结含煤地层地质特征的研究较少。对于岩石细观结构和成分的研究,主要以含煤地层的软岩为主,针对弱胶结砂岩研究采用的手段还需要进一步丰富和系统化。因此,针对小纪汗煤矿的弱胶结砂岩,有必要从地质年代、成岩特征、地层分布等角度对其展开研究,采用多种细观尺度分析方法,进一步揭示弱胶结砂岩的细观特征。

1.2.2 弱胶结砂岩力学特性研究现状

弱胶结砂岩由于成岩环境和年代等原因,岩石内部包含孔隙、微裂隙以及缺陷。受到外力作用时其强度较低,且具有非线性变形的特征,因此,研究其力学特性对于煤矿顶、底板和巷道的稳定性具有重要意义。为了掌握弱胶结砂岩的力学特性和变形特征,学者们利用多种试验、检测设备,开展了不同类型的岩石力学试验,对其进行了深入的研究和分析。

拉应力是在巷道开挖支护过程中需要考虑的重要因素之一[35-37],通过抗拉试验测定岩石在拉伸荷载下达到破坏时所能承受的最大拉应力,以及采用数值模拟方法研究拉应力的变化,是目前研究岩石抗拉强度的主要手段。由于针对弱胶结砂岩的抗拉试验研究较少,本书主要介绍部分砂岩和其他软岩的抗拉试验研究成果。吴兴杰等[38]采用不同粒径的石英砂和水泥浆液进行了煤系砂岩巴西拉伸强度试验,研究表明,煤系砂岩的抗拉强度与砂岩颗粒的粒径之间存在明显的粒径效应。王海洋等[39]为研究椭圆孔洞岩体在拉剪作用下的力学特性和变形破坏规律,基于室内岩石力学试验结果,采用颗粒流程序建立数值模型,对不同孔洞倾角 α、长短轴之比 k 下的孔洞岩体进行了拉剪数值试验,并结合应力张量揭示了裂纹演化的细观机理,结果表明,孔洞岩体的强度相较完整岩体有明显的劣化且劣化程度与法向拉应力呈正相关关系。彭瑞东等[40]在开展灰岩拉伸试验的同时通过电镜扫描获取岩石的细观外貌,在此基础上根据分形理论对岩石破坏过程中的裂纹扩展萌生进行了研究,结果表明,随拉应力增加岩石损伤程度增大。唐欣薇等[41]基于细观力学进行参数反演,建立了层状板岩的层状颗粒流模型,并研究了其在拉应力作用下的各向异性,结果表明,$>75°$ 和 $<30°$ 时岩样发生拉伸破坏,$45° \sim 75°$ 之间岩样发生拉剪破坏,且破坏能量与角度呈反比关系。邓华锋等[42]对 5 种不同含水率的层状砂岩进行了巴西抗拉强度试验并研究了岩石破坏面的形貌特征,结果表明,含水率影响层状砂岩的抗拉强度,层状砂岩的抗拉强度随含水率的增加而降低,同时岩石试件的弹性应变能和总的吸收能也随着荷载的增加而降低。

在矿山围岩的变形和破坏过程中,岩体处于三向受压的状态,此时,宏观的剪切破坏是其主要的破坏方式[43-45],因此开展岩石剪切破坏试验,对于矿山围岩稳定性的研究是十分重要的。许江等[46]采用煤岩细观剪切试验并辅以声发射检测对不同含水率的砂岩的声发射规律和岩石裂缝起裂、扩展的联系进行了研究,他们认为在整个剪切破坏过程中声发射活动均有发生,在剪应力峰值出现之前声发射活动不显著,而在剪应力峰值出现之后声发射活动剧增。谭虎[47]利用煤岩剪切-渗流耦合试验机和立体扫描仪对煤岩剪切破坏过程中的力学特性及断裂面形貌特征进行了研究,探讨了不同法向应力、不同含水状态和不同孔隙水压条件下砂岩的剪切力学特性及断裂面形貌特征。周莉等[48]在温湿环境下开展了不同含水率砂岩试件的不同角度(45°、55°及 65°)的剪切强度试验,结果表明,随着角度的增加,砂岩试件的宏观破坏形态从粉碎性破坏变为完全脆性破坏。程坦等[49]借助 RDS-200 岩石直剪仪对非规则砂岩节理进行了不同法向应力下的直剪试验,根据剪切应力在峰后软化阶段的降低幅度和速率,将岩石节理剪切应力-位移曲线划分为 3 种类型:峰后平台型、峰后缓降型和峰后跌落型。

通过单轴压缩试验来测定岩石在破坏之前所能承受的最大应力即单轴抗压强度是研究弱胶结砂岩常用的试验手段之一。王春来等[50]采用应力分析和声发射参数测试等方法,研究了砂岩在单轴压缩条件下的细观裂纹的动态演化特征。试验结果表明,应力与砂岩细观裂纹扩展诱发声发射(AE)事件的强度特征有较好的阶段性变化规律。宋朝阳等[51]以西部弱胶结粗粒砂岩为研究对象,采用力学测试、声发射检测等方法获得了弱胶结粗粒砂岩的细观结构形态和矿物成分,分析了弱胶结粗粒砂岩单轴压缩破坏的声发射信号频率组合模式,研究表明,弱胶结粗粒砂岩在细观结构上是由颗粒物质、胶结物质及孔隙胶结而成的颗粒胶结体系,颗粒接触特性和矿物成分是其物理现象与力学机制发生的内因。李术才等[52]提出利用电阻率和声发射技术对砂岩岩样单轴压缩全过程进行联合测试试验并提出综合损伤变量的概念,以更加全面客观地反映单轴受载条件下砂岩的损伤演化过程。杨圣奇等[53]对含有预制孔洞和裂隙的砂岩进行了单轴压缩试验,研究了孔洞及裂隙的分布对岩石强度和变形特征的影响并分析了含缺陷砂岩的裂纹扩展过程和其对应力-应变曲线的影响规律。吴秋红等[54]基于自制的湿度环境控制模拟装置,研究了单轴压缩条件下不同相对湿度条件(70%、80%、90%和100%)的砂岩试样的力学特征及劣化机理,研究表明,在单轴压缩条件下,砂岩的声发射变化规律与应力演化特征较为一致,高湿环境下试样声发射事件数量与干燥条件下的数量相比明显减少。周子龙等[55]在单轴压缩条件下对不同含水率的砂岩开展试验并辅以红外辐射检测来研究砂岩的抗压强度和弹性模量的变化规律,结果表明,含水率与红外辐射温度具有相关关系且温度与应力呈正相关关系。沈鑫等[56]针对西部地区侏罗系砂岩进行了低温条件下的单轴压缩试验,研究了冻结后砂岩的单轴抗压强度和弹性模量的变化规律。魏洋等[57]从临界慢化的角度研究了单轴压缩条件下砂岩在破裂失稳过程中的变形特征和声发射特征。杨阳等[58]以粉砂岩为研究对象,通过分形理论研究了其在单轴压缩条件下的红外温度场的分形维数并结合方差对粉砂岩的破坏分形特征进行了研究。

岩石三轴压缩试验,其实质是对处于三向受压环境中的岩石试件力学状态的一种模拟,该试验不仅可以获取岩石不同围压条件下的抗压强度、抗剪强度、弹性模量、泊松比以及准确的内聚力和内摩擦角等数据,还可以获得全应力-应变曲线进而得到岩石的残余应力、永久变形等数据[59],三轴压缩试验可为岩石力学特性和变形特征的研究提供必不可少的参数。孟召平等[60-62]通过三轴压缩试验对不同侧压条件下砂岩的孔隙渗流及力学特性和变形破坏机制展开研究,建立了砂岩物理力学特性和侧压之间的相关关系。尹光志等[63]对煤层顶板砂岩进行了高温后常规三轴压缩试验并分析了其在高温影响下的强度、平均模量等参数与温度和围压之间的关系。苏承东等[64]对红砂岩开展了常规三轴压缩试验来研究其力学特性和变形特征。杨小彬等[65]基于恒定围压进行砂岩三轴压缩试验,结果表明,压缩过程中岩石的体应变可以分解为弹性体积应变和裂隙体积应变。周杰等[66]基于砂岩的三轴压缩试验结果完成了二维颗粒流 PFC^{2d} 数值砂岩试样的细观参数标定。潘孝康等[67]对砂岩进行了不同围压、不同卸荷速率下的常规三轴卸围压声发射试验,他们认为,随着卸载速率减小,出现在小能量区间的声发射事件的可能性增大,相同卸压速率下随着围压的增大也会出现类似的变化趋势。邓华锋等[68]进行了 0°、30°、45°、60°、75°和 90°等 6 种角度下的断续节理砂岩的三轴压缩试验,详细分析了节理倾角对断续节理岩体变形强度特征和破坏模式的影响,结果表明,随着围压增大,不同倾角断续节理岩样的变形和强度参数差别逐渐减小,各向异性特征逐渐减弱,同时,断续节理砂岩应力-应变曲线的屈服阶段逐渐明显,峰值强度和残余强度逐渐提高,破坏的时延性特征逐渐明显。秦涛等[69]基于能量平衡理论,分析了不同围压下砂岩加载过程中的能量转化规律,研究了不同围压下砂岩特征应力、裂纹演化与能量耗散之间的关系,结果表明,砂岩起裂应力和扩容应力可以较好地描述岩石的稳定状态,起裂应力可以看作岩石出现新生微破裂的初始应力,而扩容应力可以作为其进入塑性屈服状态的标志。刘之喜等[70]通过真三轴压缩试验研究了砂岩的能量和损伤演化规律,结果表明,真三轴压缩下最大主应力方向应力提升,砂岩的弹性能密度、耗散能密度均与输入能密度之间存在线性函数关系。

复杂的地质条件和繁多的生产工艺会使矿体和岩体产生扰动,形成应力循环作用的状态,并会导致岩体力学性质的劣化进而影响矿山工程的稳定性[71-72]。循环加卸载试验是模拟此类工况较为理想的手段。Eberhardt 等[73]通过单轴循环加卸载试验研究了脆性岩石的断裂损伤特性,并分析了微裂纹的扩展机制和断裂损伤准则。周家文等[74]将向家坝砂岩单轴循环加卸载试验结果和岩石内部微裂纹细观力学分析结果相结合,认为岩石宏观的力学特性取决于内部微裂纹的细观力学响应。金解放等[75]利用岩石动静组合加载 SHPB 试验装置对不同静载砂岩试件进行了循环冲击试验,结果表明,在循环冲击荷载作用下,具有轴向静载的岩石在破坏过程中具有明显的端部效应,而没有轴向静载的岩石则没有端部效应;静荷载的组合形式对岩石在循环冲击作用时的破坏模式影响较大。张世殊等[76]通过研究围压作用时不同频率轴向循环荷载下砂岩的疲劳损伤特性,得出在相同围压作用下,频率对岩样的残余变形、疲劳刚度和破坏模式有很大影响,频率越高,破坏时的残余轴向应变越大,破坏次数越多,岩样的初始刚度越大的结论。邓华锋等[77]通过砂岩的单轴循环加卸载试验分析了典型循环加卸载滞回圈曲线的变化特征,结果表明,循环加卸载过程中,应力-应变滞后现象明显,而且存在明显的残余应变,在计算各能量参数时应该考虑这些因素的影响。张后全等[78]对泥质砂岩试件进行了单轴循环加载保载卸载破坏试验,结果表明,在循环加卸载过程中,无论是加载还是卸载过程,岩石变形都滞后于外部应力变化。王瑞红等[79]开展了节理砂岩不同上限应力比循环加卸载试验,结果表明,随上限应力比增加,节理砂岩滞回圈间距由“疏-密”两阶段转化为“疏-密-疏”三阶段。李成杰等[80]通过对砂岩试件进行等荷载循环加卸载试验,探究了砂岩试件的变形特性及塑性滞回环演化特征,结果表明,循环加载产生的塑性变形随着循环次数的增加而逐步减小并最终出现硬化压实现象。

虽然研究人员对弱胶结砂岩开展了一些研究其力学特性和变形特征的工作,但是系统地通过多种手段及力学试验来研究弱胶结砂岩性质的报道还比较鲜见,因此本书将通过剪切和拉伸、三轴压缩和单轴压缩、循环加卸载、声发射等试验方法来进行弱胶结砂岩变形特征和力学特性的研究。

1.2.3 岩石非线性变形及压密特征研究现状

非线性科学是一种研究复杂性现象的新学科,其将物质变化过程中的简单性与复杂性、确定性与随机性、有序性与无序性、必然性与偶然性等统一到同一图景中进行分析研究,是一种崭新自然观的体现[81]。随着非线性科学研究领域的不断扩展,通过非线性理论对岩石的力学特性和变形特征进行研究,已成为岩石力学领域的研究热点。

非线性作为岩石或岩体力学行为的本质特征,主要有以下表现形式[82]:① 岩石在初始变形阶段,线性因素占主导地位,但当变形进入塑性、断裂、破坏阶段后,非线性因素占主导地位,就会在系统中出现分叉、突变等非线性复杂力学行为。② 岩石力学与工程属于自然化工程,属于天、地、生科学范畴,规模大,系统复杂,原始条件和环境信息不确定。通常,岩体的变形、损伤、破坏及其演化过程中包含互相耦合的多种非线性过程,因而传统力学方法难以描述系统的力学行为。③ 岩石材料的高度无序分布,岩体内的应力随时空变化而变化,岩石成分与构造的复杂性与多相性,岩体工程开挖和施工工艺的影响,这些因素导致岩石力学具有高度的非线性。④ 岩石或岩体的变形、损伤、破坏过程是一个动态的非线性不可逆的演化过程,各种参数处于不断变化之中。由此可见,岩石(体)比起其他材料(如金属、混凝土乃至土体),其力学行为的非线性和动态演化的特征更为显著。

随着非线性科学的不断发展,研究人员已经将许多非线性理论以及分析研究方法应用于岩石力学的研究。宋振骐等[83]为研究地下岩石在采动影响下的稳定性问题,利用非线性动力学理论对岩石蠕变特性的力学模型进行了分析,从而得出单轴压缩状态下岩石系统定态稳定性的相关结论。李栋伟等[84]根据深部软岩室内三轴剪切和单试件分级加载蠕变试验结果获得描述岩石非线性蠕变的本构模型,利用现场实测数据对软岩巷道开挖过程进行了参数反演,其反演结果验证了该模型的可行性。汪斌等[85]针对深埋岩体开挖后围岩强度的非线性特征,通过室内三轴加载和卸荷试验对其进行研究,结果表明,幂函数型莫尔准则能够作为在高应力加载和卸荷应力路径下的岩石破坏的强度判据。李连崇等[86]假设岩石中只承受较小变形的硬体部分可以用基于工程应变(岩体变形与原始应力状态下的岩体体积之比)的胡克定律来描述,从而提出双应变胡克模型(TPHM),并对岩石加卸载过程中低应力阶段的非线性变形行为进行了研究。Zhao 等[87]对含孔隙岩石进行了非线性力学特征研究,并在双胡克模型的基础上进行了各向异性应力-应变特征的分析。昝月稳等[88]、路德春等[89]以及孔志鹏等[90]通过对非线性强度破坏准则进行研究分析,均提出相关理论并用于试验验证,取得了较为理想的结果,这证明非线性强度理论具有广泛的适用性。

与致密硬岩相比,富含原生微裂隙和孔隙的弱胶结软岩在外力作用下会发生更为明显的非线性变形,尤其是在初始受力阶段,其会产生较为明显的压密特征,因此,了解和掌握此类变形对于深入了解煤系软岩的力学特性和变形特征以及预防矿山灾害具有重要意义。王青元等[91]通过对含孔隙裂隙岩石的非线性变形特征进行分析,将其划分为压密阶段和非压密阶段,其基于损伤理论建立的本构模型可以很好地反映岩石的非线性变形特征。赵东宁等[92-93]通过对粉砂灰质泥岩开展不同围压条件下的三轴压缩试验,得出裂隙压密阶段传递的能量与压密强度对应的轴向应变均呈函数关系的结论,并提出了能量裂隙密度的概念。于怀昌等[94]在 0~4 MPa 围压下对巴东组二段粉砂质泥岩进行三轴压缩试验,依据塑性力学理论,建立了考虑岩石应变软化的双线性弹性-线性软化-残余理想塑性四线性模型,从而对岩石的非线性变形进行了准确的描述。曹文贵等[95]在充分探讨空隙岩石变形机理的基础上,采用宏观与微观相结合的分析方法,将空隙岩石抽象为岩石骨架和空隙两部分,建立了空隙岩石变形分析模型,进而建立了模拟空隙岩石变形破坏全过程的统计损伤本构模型,并给出了其参数确定方法。乔彤等[96]从岩石单裂隙出发,引入自然应变的概念,建立了物理意义明确的脆性岩石微裂纹压密段本构模型。赵永川等[97]考虑泥钙质砂岩压密阶段和损伤阶段应力-应变曲线的变化特点,将压密阶段的体积应变和加载过程中的声发射累计数作为表征压密状态和损伤状态的参数,并选取 Logistic(逻辑斯蒂)函数和指数函数进行回归拟合得到了加载过程中的压密函数和损伤函数。Liu 等[98]以浸水后的泥岩为研究对象,就其压密阶段的非线性变形特征建立了双应变胡克模型,其试验结果与数值模拟的计算结果具有较高的一致性。

1.2.4 岩石能量演化规律试验研究现状

在岩石力学试验中,通过应力-应变曲线的变化状态和岩石的力学响应来研究岩石的力学特性和变形特征是较为常见的分析方法,但这种方法不能完全反映岩石的基本物理性质,对于解释岩石强度的离散性以及应力-应变关系的多样性、岩石作为非均质材料时其力学响应的非线性特征还存在难点[99]。根据热力学定律,在物质发生物理变化的过程中,能量的转化是其重要的本质特征。同样,岩石在外力作用下发生的破坏,可以看作在能量的驱动下发生的状态失稳现象[100],当岩石受到外力作用时,其内部应力不断集中且达到强度极限时岩石会发生破坏,这一过程可以看作内部的弹性应变能在短时间内急剧释放的结果[101-102]。

学者们对岩石破裂过程中的能量演化规律开展了许多研究。A. V. Mikhalyuk 等[103]对动态加载过程中岩石内部的准弹性变形过程的能量演化问题进行了研究。谢和平等较早地提出将能量分析运用于岩石力学试验的研究思路并开展了相关研究,对岩石破坏过程中的能量类型及形成机制[104-105]、岩体破坏过程中的能量演化[106-107]等进行了深入分析。张志镇等[108]通过对砂岩破坏过程中的能量输入、能量积聚、能量耗散和能量释放 4 个过程展开分析,认为该过程中能量转化存在非线性特征,从而构建了岩石受荷载过程中能量演化随轴向应力变化的演化模型,初步提出岩石破裂预警的能量机制。杨永明等[109]基于能量理论揭示了不同三轴应力下岩石破坏时的裂纹扩展的能量机制,结果表明,围压对岩石破坏裂纹扩展的能量耗散和能量释放特征具有显著的影响。丛宇等[110]对大理岩进行了不同路径的加、卸载试验,结果表明,在不同应力路径下,岩样破坏的轴向能量-应变曲线与总能量-应变曲线都存在 1 个速率突然变化的拐点,轴向能量的拐点出现在对应应力-应变曲线的破坏处,而总能量的拐点出现在对应峰值处。赵永川等[111]对取自东北部和西部煤矿的中粒砂岩进行了三轴压缩试验并分析了二者的强度以及能量耗散特征,结果表明,东北部砂岩耗散能所占比例呈现迅速降低、稳定、缓慢升高的趋势,且同等应力水平下东北部砂岩耗散能低于西部砂岩耗散能。陈子全等[112]以北疆侏罗系与白垩系泥质砂岩为研究对象,对其进行单轴压缩、常规三轴及单轴蠕变试验,结果表明,侏罗系泥质砂岩的能量硬化特性更为显著,白垩系泥质砂岩会更早地进入能量硬化与能量软化阶段。侯志强等[113]通过对不同互层角度的大理岩试样进行研究,揭示了层状岩石破裂特征与储能释能特性的相关性,结果表明,岩石的能量演化机制与其宏细观破裂形态受控于岩石的内部互层状结构。

对于动荷载作用下岩石的能量演化规律,许多学者进行了探讨。李明等[114]基于 HJC

动态本构模型,采用 ANSYS/LS-DYNA 数值模拟软件开展了砂岩冲击荷载试验,结果表明,砂岩试件在破坏过程中发生的能量耗散与应变率之间存在线性相关关系。王春等[115]模拟深部岩体承受的水平应力、垂直高应力及爆破开挖扰动的影响开展动力学试验,结果表明,随扰动冲击次数的增加,岩样伴随的弹性能先增大后减小,伴随的塑性能呈增大的趋势,反射能和入射能比值的变化规律与透射能和入射能比值的变化规律呈相反的趋势。王德荣等[116]利用分离式霍普金森压杆(SHPB)试验装置对砂岩和花岗岩在应变率 $49 \sim 97 \ \mathrm{s}^{-1}$ 下进行了冲击压缩试验,结果表明,二者能量吸收率随应变率的增大而增大,而花岗岩的能量耗散率则随着应变率的增大而逐渐减小。温森等[117]对类复合岩样进行了动态冲击试验,以研究不同应变率、入射波的不同入射顺序、不同强度比、不同入射角度对岩体能量耗散的影响。

循环加卸载时,岩石在变形破坏过程中会呈现更为复杂的能量变化特征。张媛等[118]对砂岩进行了循环荷载下不同围压的三轴压缩试验,结果表明,随着围压增高,试件在每个循环中消耗的能量递增,即裂纹扩展需要更多的能量。张志镇等[119]对红砂岩试件进行了 4 种不同加载速率下的单轴增加荷载的循环加卸载试验,得到加载速率越小耗散能越大的结论。许江等[120]以型煤试件为对象进行了不同温度下的循环荷载试验,结果表明,耗散能、弹性应变能的绝对值转化速率均随温度的升高而减小。张英等[121]采用颗粒流理论确定了花岗岩的应力门槛值,并研究了应力门槛值对应的边界能、应变能、动能随围压变化的规律。徐鹏等[122]基于三轴循环加卸载压缩试验结果进行了大理岩弹塑性应变分离,结果表明,随着轴向偏应力的增加,大理岩轴向弹性应变近似呈线性增加趋势,而侧向弹性应变呈非线性增长趋势。刘汉香等[123]开展了三轴压缩条件下的多级循环加卸载试验,根据轴向应力-应变曲线,重点分析了循环周次和上限应力对千枚岩试样的弹性模量、阻尼参数及残余应变的影响,同时对其耗散能的演化规律进行了研究。

1.2.5 岩石声发射试验研究现状

声发射(acoustic emission,AE)是指材料或结构在受力变形过程中以弹性波的形式释放应变能的现象[123],是一种无损检测技术。结合岩石力学试验进行声发射检测,并研究岩石内部裂纹萌生、扩展直至岩石失稳破坏这一过程中的声发射信号,有助于揭示岩石的力学性质、变形特征和损伤演化规律[124-125]。基于声发射信号提供的丰富信息,可以从时间变化和空间分布角度来深入研究岩石在破裂过程中的内部演化机制,对于揭示岩石的破坏机理和破坏的前兆信息特征以及分析岩石破裂失稳的内在机制具有重要意义[126-128]。

基于岩石单轴压缩试验进行岩石破坏过程声发射特征的研究是声发射技术应用于岩石力学试验的开端,对于通过声发射技术深入认识岩石的破坏机理具有重要意义[129-132],国内许多学者对岩石在单轴压缩损伤破坏过程中的力学特性和声发射特征等进行了大量的基础性研究工作。陈颙[133]在国内较早地对声发射技术及其在岩石力学研究中的应用进行了评述。李术才等[134]采用声发射技术和电阻率对砂岩岩样单轴压缩全过程进行了联合测试,研究表明,电阻率和声发射的响应信息有很强的规律性和互补性,结合二者提出的综合损伤变量能够更加全面地反映受载岩样的损伤演化过程。刘洪磊等[135]结合花岗岩单轴压缩下声发射特性室内试验,采用颗粒流数值模拟试验,对加载过程中的声发射特性进行了检测,探讨了单轴压缩下的荷载大小与声发射累计数的变化关系,分析了峰值强度前割线模量的变化规律。宋义敏等[136]以数字散斑相关方法和声发射技术进行了试件加载变形场演化观测,结果表明,声发射峰前"平静期"并不代表岩石变形场演化处于平静阶段,此阶段变形局部化带的宽度、长度以及变形量值仍在不断增加。张艳博等[137]通过开展饱水花岗岩单轴压缩声发射试验,采用快速傅里叶变换提取声发射信号的主频及次主频,进一步提出了综合表征声发射信号频谱特征的参数:主频比 F(即主频与次主频的比值)。谭嘉诺等[138]开展加锚砂岩的单轴压缩试验,探讨了单轴压缩下加锚砂岩声发射 RA 值(声发射信号上升时间与幅值的比值)的特征及其对应的裂纹扩展演化和室内岩爆的联系,结果表明,声发射 RA 值与岩石破裂类型有极大的相关性,其变化趋势与锚固作用之间存在联系。张光等[139]选用红砂岩进行单轴压缩试验,采用主动超声和被动声发射对破裂过程进行了检测,并联合主动超声与被动声发射的检测数据对波速进行层析成像反演,分析了试样破裂过程中的波速演化规律。

为了深入研究岩石在工程建设和矿山生产中的由反复外力扰动导致的失稳破坏,研究者多在循环加卸载试验中展开声发射检测。李庶林等[140]通过对三种岩石试样进行单轴循环加载试验,获得了岩石试样加载过程中的声发射事件率、能量率和空间位置分布数据。付斌等[141]以云南白色大理岩为研究对象,设置了两种不同循环应力路径研究大理岩在循环加卸载下的声发射特征,结果表明,将 Felicity 比值、整个循环过程 b 值和单个循环声发射 b 值结合使用可以提高预测岩石破坏的准确性。杨小彬等[142]利用声发射系统和 CCD(电荷耦合器件)相机分别对试样变形破坏过程中的声发射信号和试件表面的变形图像进行了采集,并结合数字散斑相关方法对试件非均匀变形演化过程中的声发射特性进行了研究,结果表明,每次循环加载过程中,非均匀变形的最小点皆与应力卸载的最低点对应。李庶林等[143]通过开展单轴压缩、增量循环加卸载和增量稳压循环加卸载 3 种不同加载方式的试验,对岩样峰值强度前声发射相对平静期和卸载过程的声发射特性、2 种不同循环加卸载方式下的 Felicity 比以及加卸载响应比的变化情况开展了研究。王天佐等[144]对红砂岩开展了恒下限和变下限循环加卸载试验,并同步进行了声发射和数字图像相关技术的检测,结果表明,相较单轴压缩试验,恒下限循环加卸载下的岩石平均抗压强度提高 6.5%,而变下限循环加卸载下的提高程度不显著。

含层理岩石的力学特性和变形特征具有一定的特殊性,通过声发射技术对具有层理结构的岩石进行研究,可以深刻地揭示其变形破坏机理。张朝鹏等[145]制作了不同层理的煤岩试样来探究不同层理方向煤岩体的损伤演化规律及变形破坏中的声发射特征,结果表明,轴向平行层理煤岩在整个受力过程中 AE 振铃累计数较大、能量释放更强且 AE 振幅分布变化幅度较小。侯鹏等[146]对不同层理角度的页岩开展巴西拉伸强度试验和声发射试验,研究了层理页岩的力学特性、裂纹扩展特征及声发射特征的层理效应,结果表明,声发射活动性和能量释放随层理角度的增加而加强,具有各向异性的特征。张东明等[147]对含有层理和均质的岩石试件开展单轴压缩声发射试验,研究了岩石破裂过程中的声发射特征,并揭示了岩石内部的能量耗散过程,进而构建了基于能量耗散参数和声发射参数的岩石损伤模型,该模型能够反映含层理岩石和均质岩石的损伤过程。孙清佩等[148]进行了 7 种不同层理倾角的岩石单轴压缩模拟试验并获得了声发射信息,结果表明,不同倾角试件的声发射特征具有较大差异且声发射特征与破坏模式和断口形态具有较强的相关性。Wang 等[149]对不同层理倾角的弱胶结砂岩展开研究,基于单轴压缩的声发射信号研究了破坏过程中声发射事件的时空分布演化和 b 值变化规律。

通过在岩石力学试验中开展声发射检测,能够捕捉到丰富的声发射信息,进而可以得到岩石破坏过程中的内部损伤演化、裂纹扩展信息。上述研究工作中,利用声发射技术对弱胶结砂岩进行的研究还比较少,因此,通过多种类型的岩石力学试验并辅以声发射检测手段来研究弱胶结砂岩的损伤和破裂,对于揭示其力学特性是十分重要的。

1.2.6 岩石本构关系及数值模拟研究现状

1.2.6.1 岩石本构关系研究现状

岩石的本构关系是指岩石在受力过程中的应力-应变关系,它用于反映岩石材料的变形特性,是在试验数据的基础上经过整理分析获得的。将岩石破坏变形全过程的应力、应变变化情况通过数学关系进行清晰地表达,就是岩石的本构模型,这也是岩石力学研究中的重要基础内容[150]。基于本构模型对岩石进行表述的层次可以划分为细观本构模型和宏观本构模型两类,涵盖了弹性、弹塑性、流变、损伤以及组合本构模型等[151]。

线弹性模型通过广义胡克定律呈现应力 σ 与应变 ε 的线性关系,可用表达式 $\sigma = D\varepsilon$ 来表示,其中,D 为常系数弹性矩阵。该模型简单易行但简化了一些力学特性。非线弹性模型根据广义胡克定律建立了刚度矩阵 D,且弹性常数为变量,即 $d\sigma = Dd\varepsilon$,刚度矩阵 D 中的弹性常数会随着应力变化发生改变[152-153]。弹性模型中具有代表性的模型为 Duncan-Chang 双曲线模型,其参数物理意义明确且在实际应用中使用广泛[154]。Weng 等[155]通过对砂岩进行试验研究了砂岩的剪胀特性和变形模量的软化现象,在考虑加载方式对弹性模量和剪切模量的影响的前提下,以此为基础建立了基于不同加载方式的 6 参数线弹性模型,并将该模型运用于隧道模拟计算。蒋海涛等[156]基于非线弹性理论的 Cauchy 本构关系模型对混凝土进行了分析,并通过程序实现了其应力-应变的关系。

弹塑性模型通过应力路径的确立进而建立应力增量与应变增量之间的增量本构关系,其研究内容包括:① 屈服准则,如 Mohr-Coulomb(莫尔-库仑)、Mises(米译斯)、Drucker-Prager(德鲁克-普拉格)等屈服准则,用于界定岩石是否进入塑性变形阶段;② 加卸载准则,用于判定岩石是否处于弹性卸载或者塑性加载状态;③ 流动法则,用于建立塑性流动方向与屈服函数之间的关系;④ 硬化规律,用于揭示存在应变硬化特征的岩石材料的运动硬化规律。同时,塑性增量理论还需要满足德鲁克假设的条件[157-158]。周辉等[159]基于大理岩峰前和峰后循环加卸载试验建立了脆性大理岩的弹塑性耦合力学模型,该模型可正确反映脆性岩石的主要力学特性。贾善坡等[160]以盐岩在多组围压下的三轴试验为基础,由热力学定律出发,将损伤引入改进的莫尔-库仑准则,提出了与围压相关的损伤准则和塑性硬化函数,建立了一种能够描述盐岩力学特性的弹塑性损伤模型。张升等[161]在考虑地温和上负荷面的条件下,构建出考虑结构性的软岩热弹塑性本构模型并在其中增加了热膨胀系数,结果表明,该模型能够描述软岩热增强和热减弱两种现象。刘开云等[162]建立了可以描述岩石等速和加速蠕变特性的一维本构模型,进而推导出相应的三维蠕变本构模型,再将三轴压缩过程中岩石弹性模量的衰减方程引入该三维蠕变本构模型,得到一个能反映岩石蠕变全过程的三维非线性黏弹塑蠕变本构模型。

岩石流变性是指岩石材料在外力不变的条件下,应力或应变随着时间而变化的性质。即使在常温条件下作用在岩石上一个较小的荷载,只要其作用时间相当长,岩石也会发生永久性变形,流变的主要力学特性有蠕变、松弛和弹性后效等。李栋伟等[163]通过试验提出了一种能够充分考虑体积变形的 Mogi-Coulomb(莫吉-库仑)屈服面型流变本构模型,该模型能够比较全面地刻画岩石在卸载情况下的蠕变变形规律。周先齐等[164]对砂岩进行了不同围压下的瞬时三轴压缩试验和三轴流变试验,通过改进粒子群优化算法对流变本构模型的力学参数进行拟合,得到了优化后的流变本构模型。原先凡等[165]通过对砂质泥岩进行卸荷流变力学特性研究,建立了一个新的非线性黏弹塑性流变模型并模拟了砂质泥岩卸荷流变的全过程。王军保等[166]对盐岩进行了三轴压缩分级加载蠕变试验,基于非线性流变力学理论提出了一种非线性黏滞体,并用其替换 Burgers(伯格斯)模型中的线性黏滞体,进而建立了可描述盐岩非线性蠕变特性的 M-Burgers 模型。王者超等[167]研究了不同层理的碳质板岩在不同加载路径下的蠕变特性,基于广义八面体剪应力的蠕变势函数和非关联流动法则构建了横观各向同性岩石蠕变本构模型。蒋昱州等[168]基于砂岩卸荷的蠕变与弹性后效试验,推导了三维应力状态下的 Burgers 模型的蠕变与弹性后效本构方程,并获得了岩样在蠕变与弹性后效阶段的相应的三维参数,其中的黏性参数可描述岩样在弹性后效阶段卸载后的不可逆变形的规律。

随着损伤力学在岩石力学领域的迅速发展,基于细观力学的统计损伤本构模型得到广泛应用,学者们根据 Lemaitre(勒梅特)应变等价性理论[169-172]构建岩石变形破坏全过程的损伤本构模型,获得诸多研究成果。曹瑞琅等[173]基于岩石应变强度理论以及岩石微元强度服从威布尔分布的假设,考虑岩石峰后残余强度对损伤变量进行修正,在微元破坏符合 Hoek-Brown(霍克-布朗)屈服准则的条件下,建立了能够反映岩石峰后软化特征的三维统计损伤本构模型。邓华锋等[174]根据水岩作用过程中砂岩三轴压缩试验应力-应变曲线的特点,借助连续损伤力学和统计理论,将浸泡-风干循环水岩作用的损伤效应耦合到统计损伤本构模型,并重点考虑压密段的影响,分段建立了水岩作用下砂岩的统计损伤本构方程。朱振南等[175]基于 Lemaitre 应变等价性理论,考虑温度对岩石力学参数的影响,引入热损伤变量,在微元破坏符合 Mohr-Coulomb 准则的条件下,建立了高温作用后的岩石统计热损伤本构模型。张超等[176]结合统计损伤理论,建立了基于强度理论的岩石统计损伤演化模型,进而在考虑残余强度特征损伤模型的基础上,建立了岩石脆延转化统计损伤本构模型,并给出了参数的确定方法。

此外,部分学者采用分段组合方式开展本构模型的研究。卢允德等[177]通过系统研究雅安大理岩围压为 0～30 MPa 的应力-应变全过程曲线,建立了屈服强度、峰值强度、残余强度和围压之间的关系。王东等[178]基于不同阶段和不同破坏类型分别建立了分段本构模型和基于破坏类型的损伤软化统计模型。李波波等[179]基于弹性损伤力学推导表征不同含水率下煤岩整体损伤的损伤变量,建立了水-力耦合作用下的煤岩分段损伤本构模型。

1.2.6.2 岩石数值模拟研究现状

随着计算机技术的不断发展和高效算法的不断推出,岩石力学领域的研究工作有了长足进步。数值运算在求解和处理复杂力学问题方面具有强大的能力,这使其成为研究岩石力学问题的又一有效途径和方法[180]。岩石是自然界中各种矿物的集合体,属于天然地质作用的产物,其内部的微缺陷决定岩石是一种包含损伤的材料[181-182]。与金属材料相比,在数值运算的过程中岩石介质具有自身的特点:① 岩石材料是一种天然介质,而金属多为人工材料;② 岩石具有裂隙、结构面、孔隙等微缺陷,物理、化学及力学性质较为随机;③ 岩石的抗压强度远高于抗拉强度;④ 岩石力学问题本质上属于三维问题,便于采用三维数值模拟软件进行计算;⑤ 岩石力学室内试验的结果有别于原位试验,通常无法直接在工程上应用。因此,通过岩石力学数值模拟来对岩石的力学特性和变形特征进行研究是试验和理论分析的有效补充手段。

经过多年的发展,目前已形成多种岩石力学计算方法,包括边界元法、离散元法、有限元法、有限差分法、数值流形元法、有限离散元法等,各种数值模拟方法对比见表1-1。

表 1-1 各种数值模拟方法对比

模拟方法	软件	方法特点
边界元法	THBEM	适用于中小规模的对计算精度有较高要求的无限域问题和断裂问题
有限元法	ANSYS、ABAQUS	计算精度高,而且能适应各种复杂形状
有限差分法	FLAC3D	其结构网格的拓扑优势能够轻松扩大模板,构造出高精度的格式;对于有较大变形的岩体的破坏过程模拟具有良好的适用性[183]
离散元法	PFC、UDEC、3DEC、YADE	可模拟岩体的非均质、不连续和大变形等特点;该方法适用于块状结构、层状破裂或一般碎裂结构的岩体
数值流形元法	DDA	能够统一处理连续与非连续问题且能够处理岩石/体宏观断裂后的运动过程[184]
有限离散元法	ELFEN、GDEM、Y-HFDEM	无须对网格进行重新剖分即可模拟裂纹的扩展;可实现材料从连续变形、开裂、破碎直至散体运动的全过程模拟[185]

从岩石的细观结构角度出发,学者们多运用细观力学原理构建模型来模拟岩石复杂的宏观力学行为,其主要思想是将岩石细化分解为细观单元并运用均质度的概念来表征单元体,通过一定的破坏准则来研究非均匀性岩石材料的破坏过程和变化机理[186-188]。

通过岩石力学数值模拟分析,基于三维数值分析软件建立的岩石模型在计算过程中可以对其内部的应力、损伤区、矩张量、声发射特征等参数的变化情况以及相应的时空分布进行表征和分析,从而可以获得更多岩石在受力破坏过程中的变化细节[189-191]。韩同春等[191]在FLAC3D中嵌入Fish函数对建立的岩石模型进行了缺陷和声发射记录,并模拟了均质材料和不同随机缺陷单元数的单轴压缩声发射现象,同时探讨了均质模型和含缺陷模型的声发射差异以及缺陷数对声发射的影响。姚池等[192]以随机均布 Voronoi（沃罗诺伊）图的生成算法作为刚性弹簧元网格的划分方式并进行了颗粒流离散元数值模拟,结果表明,数值模拟结果与物理试验结果在强度和变形方面的吻合性较好。刘建等[193]基于有限差分法和弹塑性应变软化本构模型研究了岩石细观单元的力学响应,并建立了非均质岩石破裂数值模型,进而研究了单轴压缩时细观均质度及细观结构对数值试样宏观特性的影响。杨振伟等[194]推导出不同塑性条件下的流变特性方程,并将其推广到离散单元法,研究了颗粒间力与位移关系的数值积分方案,总结出颗粒流程序中接触本构模型的开发方法。

在岩石力学研究过程中,对于构建的岩石本构模型,往往需要通过数值模拟软件进行嵌入分析,以验证模型的正确性和适用性。陆银龙等[195]建立了表征真实岩石介质的宏-细观双尺度概念模型并运用损伤力学与断裂力学理论构建蠕变损伤本构方程及破裂准则,通过 MATLAB 软件编程将该细观模型嵌入 Comsol 软件,实现了岩石蠕变损伤演化的全过程。李成武等[196]采用岩石 HJC 本构模型对煤岩的 SHPB 试验进行了研究,采用有限元软件 LS-DYNA 再现了煤岩在冲击试验过程中的应力波形、应力波的振荡现象及试件的损伤过程,并得到了与实测结果匹配度较高的数值模拟结果。朱合华等[197]基于不同围压条件下的岩石材料塑性变形发展特征,并考虑修正正塑性势的塑性流动法则,建立了岩石本构模型,然后通过同济曙光三维有限元分析软件（GeoFBA3D）对其进行了验证。李新平等[198]在对大理岩开展峰前卸荷试验的基础上建立了幂函数型 Mohr 强度准则,利用有限差分程序 FLAC3D 建立了数值仿真模型,结果表明,幂函数型 Mohr 强度准则可较好地反映峰前卸荷条件下的岩石的强度特性。

为深入认识和表征弱胶结砂岩的变形特征,需要基于力学试验基础和理论分析构建本构模型,而目前的研究中,针对弱胶结砂岩全应力-应变过程的本构模型研究还比较少,本书将在这方面开展相应的研究,同时在数值模拟软件中嵌入本构模型进行验证。

1.3　存在问题与拟解决思路

近年来,学者们针对弱胶结砂岩开展了一些研究工作,取得了重要的成果,这些成果对弱胶结地层赋存区域的煤矿安全生产起到了指导作用,但是仍存在以下问题需要解决:

（1）目前所进行的研究未对弱胶结砂岩进行明确的定义,通常将强度低、胶结程度差、胶结物含量低、孔隙率高等特征作为弱胶结砂岩的定性描述,但没有明确的判别标准。本书拟对弱胶结砂岩的压密特征进行研究,从岩石变形角度提出弱胶结砂岩的定量判别标准。

（2）目前对弱胶结砂岩力学特性和破坏机理的认识不够深入,还需要进行复杂条件和工况下的岩石力学试验来全面系统地对其进行了解和掌握。本书拟开展干燥及饱和弱胶结砂岩循环加卸载、含层理弱胶结砂岩单轴压缩声发射等试验,研究其能量演化规律、声发射事件的时空演化规律以及岩石破坏的前兆信息和破坏模式等,以全面深入地掌握弱胶结砂岩的力学特性。

（3）针对弱胶结砂岩开展的本构模型研究较少且针对应力-应变全过程的本构模型少之又少,因此,构建能够全面反映弱胶结砂岩变形特征的本构模型是十分必要的。本书拟构建基于双应变胡克理论和统计损伤理论的"TPHM-统计损伤"分段式本构模型,并将其嵌入FLAC3D软件进行数值运算,以全面反映弱胶结砂岩的力学特性和变形特征,研究其应力场和损伤区的演化规律。

1.4　研究路线与工作内容

本书拟采用细观分析试验技术、岩石力学试验、理论分析以及数值模拟等方法相结合的综合技术路线对弱胶结砂岩的力学特性和本构模型开展研究,技术路线见图 1-1。

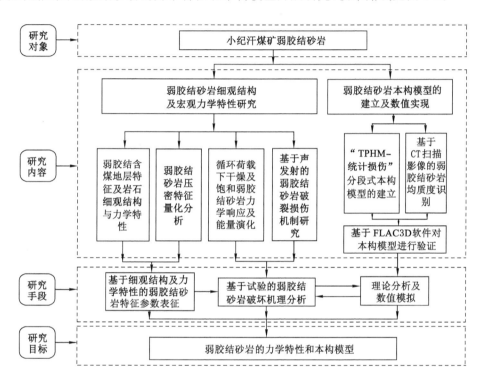

图 1-1　技术路线

结合技术路线,本书主要开展以下 5 个部分内容的研究工作。

(1) 弱胶结砂岩细观结构与力学特性的研究

弱胶结砂岩的力学特性和变形特征与其特殊的成岩过程及环境有密切关系,同时与其细观结构相关。本书拟进行弱胶结含煤地层分布的分析和弱胶结砂岩成岩机制的研究,基于细观检测手段分析弱胶结砂岩的矿物成分和细观结构,总结分析弱胶结砂岩的力学特性和破坏模式,以为进一步研究弱胶结砂岩显著的压密特性提供参考资料。

(2) 弱胶结砂岩压密特征量化分析

针对小纪汗煤矿弱胶结砂岩提出轴向应变法,以确定弱胶结砂岩压密阶段的占比和闭合应力,并且与其他地区的砂岩进行对比,研究小纪汗煤矿弱胶结砂岩在单轴压缩条件下的压密阶段的变形特征以及基于压密阶段占比的弱胶结砂岩判别标准。

（3）弱胶结砂岩能量演化机制的研究

基于循环加卸载试验对干燥和饱和弱胶结砂岩进行研究，并分析两种含水情况下的不同试件的强度特征和变形特征；讨论岩石变形过程中的能量类型及其变化特征以及循环荷载下岩石变形过程中能量的计算方法；分析随着循环次数增加弹性应变能和耗散能的演化规律。

（4）基于声发射的弱胶结砂岩破裂机制研究

开展基于声发射的单轴压缩试验，分析弱胶结粗砂岩和中砂岩声发射振铃数、振铃累计数随应变的变化特征以及声发射事件的空间演化规律；对含有 $0°$、$45°$ 和 $90°$ 三种层理倾角的弱胶结砂岩进行单轴压缩声发射试验，着重研究其声发射能量特征和声发射事件的时空演化规律以及 b 值的变化特征；对于干燥和饱和弱胶结砂岩开展单轴循环加卸载条件下的声发射试验，研究不同含水率试件的声发射特征，并进行基于声发射试验的岩石破坏前兆规律分析。

（5）"TPHM-统计损伤"分段式本构模型的建立

基于双应变胡克理论和统计损伤原理构建弱胶结砂岩的"TPHM-统计损伤"分段式本构模型，对试验的应力-应变曲线和模型的应力-应变曲线进行对比和精度分析。通过 CT 扫描影像获得弱胶结砂岩的均质度，然后将模型嵌入 FLAC3D 软件，进行考虑不同围压与不同岩石均质度的三轴压缩数值试验，以对试件变形过程中的损伤区演化规律和应力场分布情况进行分析。

第 2 章　弱胶结砂岩细观结构与基本力学性质

2.1　引言

我国含煤地层中分布着许多软岩地层,其中,在西部地区(如陕西、内蒙古、宁夏、甘肃、新疆等地区)的含煤地层中,弱胶结砂岩是主要的岩石类型之一,其通常存在于煤矿的顶、底板,对矿山顶、底板的稳定性具有显著影响。经过长期的地质演化作用以及地层压实、颗粒之间的胶结作用,弱胶结砂岩形成了具有自身特点的裂隙与孔隙分布、胶结物和矿物颗粒,其特有的细观结构和矿物成分对岩石的力学特性具有重要影响。充分研究弱胶结砂岩的细观结构及矿物成分,对于揭示弱胶结地层岩石的变形破坏机理和理解矿山工程灾害的诱因,具有较高的工程应用意义和学术价值。

本章从小纪汗煤矿的地质条件及地层分布特点切入,首先,分析弱胶结含煤地层的分布状况和成岩作用,并对取自陕北横榆矿区小纪汗煤矿煤层的顶板砂岩开展研究,采用岩样薄片偏光显微镜(polarizing microscope)、XRD(X 射线衍射)分析以及 SEM(扫描电镜)等方法,对弱胶结砂岩试样的矿物成分、矿物颗粒的细观结构等进行分析;其次,通过试验对弱胶结砂岩的常规物理力学特性进行研究,揭示其强度和变形特征,以为后续开展复杂条件下弱胶结砂岩力学特性的研究奠定基础。

2.2　小纪汗煤矿地质概况

2.2.1　小纪汗煤矿概况及自然地理条件

2.2.1.1　小纪汗煤矿概况

小纪汗煤矿为国家规划的"陕北侏罗纪煤田榆横矿区(北区)"第一个千万吨级现代化矿井,地处榆林市城西 12 km 的小纪汗镇,位于陕西省榆林市西北部,行政区划隶属榆林市榆阳区小纪汗镇、芹河镇、岔河则乡、巴拉素镇管辖。神(木)-延(安)铁路、210 国道及榆(林)-神(木)-府(谷)二级公路均从井田东侧通过,包(头)-茂(名)沙漠高速公路从井田东南侧通过,榆(林)-乌(审旗)公路从井田中部通过,各大村镇之间均有简易公路连通,对外交通和内部运输条件均较便利。

小纪汗煤矿地质储量为 31.7 亿 t,可采储量为 18.9 亿 t,共有 9 层可采煤层,其中,2 号、4-2 号煤层为主采煤层。井田地质构造简单,煤层倾角小于 1°,属水平煤层、低瓦斯矿井。

矿井采用斜井开拓方式,工作面采用盘区条带式布置,设计生产能力为 10 Mt/a。

矿井工业场地内集中布置主斜井、副斜井,在主井场地以北 1.5 km 处的风井场地内有中央进、回风立井。全井田共划分三个开采水平。首采 2 号煤层平均厚度为 3.43 m,设计采用走向长壁综合机械化一次采全高采煤法进行开采以及全部垮落法管理工作面顶板。矿井移交投产时,在 11 盘区首采 2 号煤层内装备一个厚煤层综采一次采全高工作面和一个中厚煤层综采一次采全高工作面,同时配备三个连续采煤机掘进工作面和一个综掘工作面,以保证矿井正常接续。井下煤炭采用带式输送机连续运输,其运输系统为:回采工作面出煤→工作面运输巷→带式输送机大巷→主斜井→地面。井下辅助运输采用无轨胶轮车连续运输系统。同时,为满足配套电厂用煤,在矿井工业场地建设与矿井生产能力相匹配的选煤厂。

井田地处国家规划的"陕北侏罗纪煤田榆横矿区(北区)"的东北部,其北以榆横矿区北界为界,南与西红墩井田及红石峡井田相邻,西与可可盖勘查区相接,东以榆溪河为界(图 2-1)。其地理坐标为:东经 109°25′25.72″~109°41′35.47″,北纬 38°22′17.99″~38°30′06.15″。井田东西长为 13.05~23.43 km,南北宽为 7.88~14.33 km,面积为 251.75 km²,小纪汗井田拐点坐标见表 2-1。

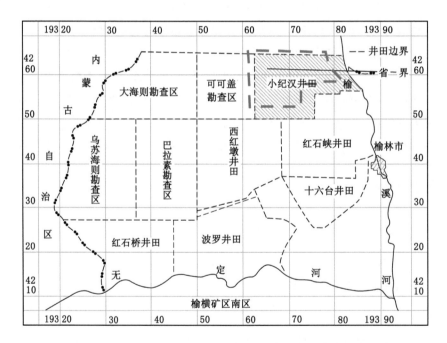

图 2-1 小纪汗井田范围

表 2-1 小纪汗井田拐点坐标

拐点编号	X/m	Y/m	北纬	东经
A	4 264 346	19 362 500	38°30′03.06″	109°25′25.72″
B	4 264 138	19 381 530	38°30′06.15″	109°38′30.94″
C	4 261 432	19 382 451	38°28′38.86″	109°39′10.58″

表 2-1（续）

拐点编号	X/m	Y/m	北纬	东经
D	4 260 686	19 382 858	38°28′14.87″	109°39′27.81″
E	4 259 454	19 382 990	38°27′34.99″	109°39′33.99″
F	4 256 919	19 385 573	38°26′14.00″	109°41′21.99″
G	4 255 862	19 385 885	38°25′39.88″	109°41′35.47″
H	4 256 109	19 381 016	38°25′45.60″	109°38′14.64″
I	4 255 668	19 381 019	38°25′31.30″	109°38′15.03″
J	4 255 688	19 375 598	38°25′29.29″	109°34′31.60″
K	4 250 000	19 375 559	38°22′24.87″	109°34′33.61″
L	4 250 000	19 362 500	38°22′17.99″	109°25′35.82″

2.2.1.2　矿区自然地理条件

小纪汗井田地处毛乌素沙漠与陕北黄土高原的接壤地带,为沙漠滩地区,沙漠覆盖率在80%以上,其中,新月形沙丘和链状沙丘遍布,滩地较少。井田地形较平坦,地势总体呈西高东低之势,最高点位于井田西部(第 18 勘探线),高程为 1 257.4 m;最低点位于井田东部刀子湾村榆溪河道内,高程为 1 108.90 m,最大相对高差为 148.5 m。

井田内水系不发育,除东部的榆溪河外,仅东北角有自西北向东南流向的白河。研究区内植被稀少,夏季多暴雨(日降水量最高为 65.5 mm),河水流量变化较大,雨季常猛涨成灾。

小纪汗井田属温带大陆性半干旱季风气候。春季风沙频繁,夏季酷热,秋季多雨,冬季长而严寒。根据榆林市气象站 1984—2002 年的观测资料,年平均气温为 10.7 ℃,最高气温为 36.7 ℃(7 月),最低气温为 -29.7 ℃(12 月),日温差达 15～20 ℃。每年 10 月降雪,次年 3 月解冻,无霜期约 150～180 天。四季多风,尤以冬季至春末夏初更甚,风向多为东南向,最大风速为 18.7 m/s,最大风力达 8 级以上。年平均降水量为 279～541 mm,较集中于 7—9 月,约占全年的 30%,年平均蒸发量为 1 720～2 085 mm。小纪汗井田的地形与地貌见图 2-2。

（a）　　　　　　　　　　　　　　（b）

图 2-2　小纪汗井田的地形与地貌

2.2.2 井田区域地质条件

2.2.2.1 区域地层与地质构造

小纪汗井田区域地层区划属华北地层区鄂尔多斯盆地分区东胜—环县小区,主要为中生界三叠系、侏罗系、白垩系及新生界盖层,其中,侏罗系延安组为主要的含煤地层,各时代地层主要特征见表2-2。

表2-2 小纪汗井田区域地层

界	系	统	组	代号	岩性特征	厚度/m
新生界	第四系	全新统		Q_4^{2eol} Q_4^{al+pl}	主要为冲积砂砾石层及风成沙	0~30
		上更新统	马兰组	$Q_3^2 m$	岩性为浅黄色粉砂质亚黏土,疏松	0~40
			萨拉乌苏组	$Q_3^1 s$	岩性为浅灰黄色、土黄色粉砂质亚砂土、亚黏土	0~90
		中更新统	离石组	$Q_2 l$	岩性为浅褐色、土黄色砂质黏土夹棕色薄层状亚黏土,含钙质结核层	0~220
	新近系	上新统	静乐组	$N_2 j$	岩性为紫红色至棕红色砂质亚黏土,夹钙质结核层,呈似层状展布,底部有时见紫色砾岩层	0~100
中生界	白垩系	下统	洛河组	$K_1 l$	岩性为砖红色、棕红色粗粒砂岩、砂砾岩	0~210
	侏罗系	上统	安定组	$J_2 a$	岩性以紫红色泥岩与细砂岩的韵律层为主,夹杂色泥岩、砂质泥岩、灰色钙质泥岩,局部有粗砾岩及碳质泥岩	0~185
			直罗组	$J_2 z$	岩性以灰色、灰绿色中粗粒砂岩为主,夹浅灰绿色细砂岩、粉砂岩、砂质泥岩及细砾岩,底部有灰色粗粒砂岩	0~250
			延安组	$J_2 y$	岩性以灰白色粗粒长石砂岩、中砂岩、深灰色、灰色粉砂岩、粉砂质泥岩、泥岩为主,夹碳质泥岩、煤层	4~104
		下统	富县组	$J_1 f$	岩性以灰色中厚层砂岩、杂色砂质泥岩为主,顶部为黑色薄层状碳质泥岩,局部夹薄煤层	0~130
	三叠系	上统	瓦窑堡组	$T_3 w$	岩性为灰白色、浅灰色砂岩,粉砂岩,泥岩,黑色页岩,夹煤线或煤层	0~228
			永坪组	$T_3 y$	岩性为灰白色巨厚层状中细粒砂岩,夹薄层状泥岩,含楔形交错层理	95~200

由表2-2可知,小纪汗井田区域内的地层以砂岩为主,其中间或分布有砂质泥岩和泥岩。

区域构造位置处于鄂尔多斯盆地次级构造单元陕北斜坡中部。陕北斜坡被围于西部天环坳陷、北部伊盟隆起、东部晋西挠褶带等构造体系之中(图2-3),以单斜构造为主,岩层向北西、北西西微倾,倾角一般为1°~3°,在此基础上发育有宽缓的短轴状向斜、背斜及鼻状隆起等次级构造,未发现规模较大的褶皱,断裂构造一般不发育。

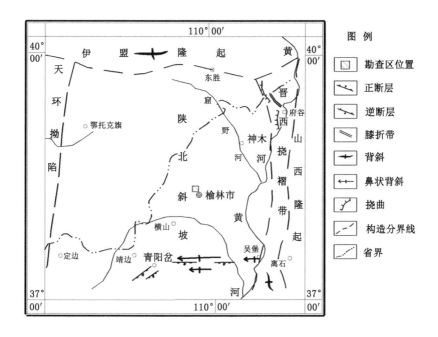

图 2-3　陕北一带构造分区及构造纲要图

2.2.2.2　井田含煤地层特征

表 2-2 中,侏罗系下统富县组顶部为黑色薄层状碳质泥岩,局部夹薄煤层,三叠系上统瓦窑堡组夹煤线或煤层,但比例较小。井田范围内的主要含煤地层为侏罗系上统延安组。

延安组作为井田内的含煤地层,地表未见出露,大部分钻孔揭露至该组底部。延安组地层为一套河流—湖泊三角洲—冲积平原环境沉积的河道、漫滩、河口砂坝、分流砂坝、浅湖、滨湖相夹沼泽相的灰色细-粗粒长石砂岩、深灰色泥岩、粉砂岩夹黑色碳质泥岩、煤层(线)的沉积组合,总厚度为 214.72～283.77 m,平均厚度为 244.64 m。井田内中部厚度大于东、西部两侧。依据岩性组合、沉积结构及聚煤周期性,该组可划分为四个较大的沉积旋回,分别对应于一、二、三、四段,每个旋回均以砂岩开始,以煤层或泥岩结束。其与下伏富县组呈整合接触,但在局部富县组被剥蚀地段与三叠系上统瓦窑堡组呈平行不整合接触。

经统计,延安组第四段含 2、$2^{下}$ 号煤层,第三段含 3、3-1、4-1、4-2 号煤层,第二段含 $5^{上}$、5、6、7 号煤层,第一段含 8、9 号煤层。单孔含煤层 8～23 层,单孔煤层累加厚度为 8.88～20.64 m,含煤率为(全煤层累加平均厚度/地层累加平均厚度,下同)3.43％～9.19％,平均含煤率为 5.71％。单孔含可采煤层 4～10 层,可采煤层累加厚度为 5.82～17.01 m,平均厚度为 11.21 m,含煤系数(可采煤层累加平均厚度/地层累加平均厚度,下同)为 2.14％～7.78％,平均为 4.63％。

在延安组的四个分段中,第三段的煤层累加厚度最厚,其次为第四段、第二段,第一段最小,但含煤率及含煤系数以第四段最好,其次为第二段、第三段、第一段,主要原因是第四段 2 号主采煤层厚度较大,相较其他分段,其采掘经济性最高。延安组第四段含煤特征见表 2-3。

表 2-3 延安组第四段含煤特征

地层		地层厚度 $\left[\dfrac{\text{最小一最大}}{\text{平均(点数)}}\right]$ /m	煤层编号	全部煤层		可采煤层(≥0.80 m)	
				煤层厚度 $\left[\dfrac{\text{最小一最大}}{\text{平均(点数)}}\right]$ /m	含煤率 $\left[\dfrac{\text{最小一最大}}{\text{平均(点数)}}\right]$ /%	煤层厚度 $\left[\dfrac{\text{最小一最大}}{\text{平均(点数)}}\right]$ /m	含煤系数 $\left[\dfrac{\text{最小一最大}}{\text{平均(点数)}}\right]$ /%
延安组	第四段	$\dfrac{38.22\sim97.27}{58.57(165)}$	2	$\dfrac{0.68\sim8.64}{3.41(159)}$		$\dfrac{0.80\sim8.64}{3.43(158)}$	
			$2^{\text{下}}$	$\dfrac{0.20\sim2.34}{0.83(50)}$		$\dfrac{0.82\sim2.34}{1.12(26)}$	
			本段所有煤层累加	$\dfrac{0\sim8.99}{3.77(165)}$	$\dfrac{0\sim17.86}{6.91(165)}$	$\dfrac{0\sim8.64}{3.53(165)}$	$\dfrac{0\sim17.16}{6.49(165)}$

2.3 弱胶结含煤地层的分布及成岩作用

2.3.1 弱胶结含煤地层分布情况

按照形成原因划分,软岩可以分为原生软岩、风化软岩和断裂破碎软岩三种类型[199]。其中,原生软岩是指沉积岩,是在低温和高应力条件下由松散的堆积物形成的层状岩石,其黏土基质含量高且胶结程度较低。煤系软岩地层多以原生软岩为主。

从时空分布来看,从古生代石炭二叠纪开始,历经中生代三叠纪、侏罗纪、白垩纪到新生代的古近纪、新近纪,都是煤炭沉积形成的主要地质年代。伴随着成煤过程,煤系软岩地层也一并形成,与此同时在地质历史中受到古构造、古地理、古气候等因素的影响,以及变质程度和胶结作用的影响。因此,伴随着石炭二叠纪、三叠纪-侏罗纪、古近纪-新近纪这三个成煤作用较强的历史阶段,煤系软岩地层的分布和特点也具有一定的时代特征。在煤系软岩地层中,所含岩石类型的胶结强度较弱,如泥岩、粗砂岩、中砂岩、粉砂岩、砂质泥岩等弱胶结岩石[200]。不同成岩时代的弱胶结含煤地层特征见表 2-4。

表 2-4 不同成岩时代的弱胶结含煤地层特征[200]

成岩时代	沉积相	岩石类型	岩石结构	胶结程度	黏土矿物成分
古生代	海相	石灰岩、泥岩、泥质砂岩、页岩	块状、层状	较好	高岭石、伊利石为主,伴有少量蒙脱石

表 2-4(续)

成岩时代	沉积相	岩石类型	岩石结构	胶结程度	黏土矿物成分
中生代	陆相	石灰岩、泥质砂岩、页岩、中砂岩、粉砂岩	块状、层状、破碎状	较差	伊利石、伊/蒙混层矿物
新生代	陆相	石灰岩、泥质砂岩、中砂岩、粉砂岩	块状、层状、破碎状	差	蒙脱石为主

从地理空间分布来看,煤系软岩地层在我国地理空间上分布较为广泛,据不完全统计,从北部的黑龙江省到南部的广西壮族自治区,从东部的山东省到西部的新疆维吾尔自治区均有分布,表 2-5 列出了我国煤系软岩地层的分布情况。

表 2-5　我国煤系软岩地层的分布情况

区域	省(自治区、直辖市)	矿区
东北地区	黑龙江	鹤岗、鸡西
	吉林	辽源、梅河、通化、舒兰、珲春
	辽宁	抚顺、阜新、铁法
华北地区	内蒙古	扎赉诺尔、大雁、平庄、乌达、鄂尔多斯
	河北	开滦、邢台、邯郸、峰峰
	山西	西山、霍州、汾西、乡宁
华东地区	山东	龙口、新汶、济宁
华中地区	河南	平顶山、郑州
	湖南	涟邵
西南地区	四川	芙蓉
	重庆	松藻
	贵州	盘江、六枝、水城
	云南	昭通、田坝、小龙潭
华南地区	广东	茂名
	广西	那龙、右江
西北地区	陕西	铜川、韩城、榆林
	甘肃	靖远、华亭
	宁夏	石嘴山、萌城
	新疆	准东、西黑山、大井、伊宁、拜城、大南湖、俄霍布拉克

陕北、神东、黄陇、新疆煤炭基地的煤炭资源丰富,煤质好,煤层埋藏浅,地质结构简单且开采条件好,但是这些大型煤炭基地所处的位置大多属于煤系软岩地层和弱胶结地层分布的区域,如图 2-4 和图 2-5 所示。

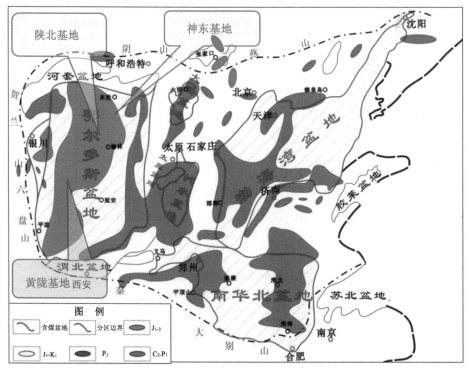

图 2-4　陕北、神东、黄陇煤炭基地分布示意

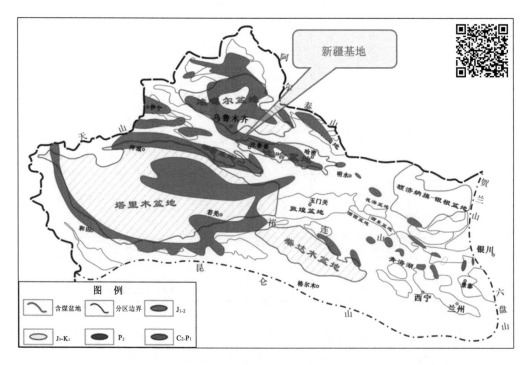

图 2-5　新疆煤炭基地分布示意

其中,地层岩性强度为软弱的区域包括神东基地的神东、万利、准格尔、包头、乌海、府谷、台格庙等矿区,该区域含煤地层多为侏罗系延安组;地层岩性为软弱-中硬的区域包括陕北基地的榆神、榆横等矿区,以及黄陇基地的彬长、黄陵、旬耀、铜川、蒲白、华亭、澄合和韩城矿区,该区域含煤地层多为侏罗系延安组;新疆基地主要包括准东煤田五彩湾、西黑山、大井等矿区,吐哈煤田三道岭、大南湖等矿区,伊犁煤田伊宁矿区,以及库拜煤田俄霍布拉克、阿艾、拜城、博孜墩等矿区,地层岩性强度为软弱,该区域含煤地层多为侏罗系下统八道湾组、中统西山窑组以及中-下统水西沟群。

上述矿区千万吨级大型矿井的不断建设投产和高强度开采的实施,对弱胶结地层条件下的矿山压力控制、灾害预警以及安全生产提出了更高的要求,因此,研究弱胶结地层中岩石的力学特性是十分必要的。

2.3.2　弱胶结含煤地层成岩作用

含煤地层的成岩过程包括破坏性成岩作用和建设性成岩作用两种形式。针对弱胶结含煤地层,破坏性成岩作用主要是沉积压实作用和胶结作用,建设性成岩作用主要是溶蚀作用。

2.3.2.1　沉积压实作用

沉积压实作用是指沉积物在上覆沉积重荷作用下,水分不断排出,孔隙率不断降低,体积不断缩小进而形成岩石的过程。弱胶结地层的沉积压实作用主要发生在成岩的早期阶段,地层中的砂岩在强烈的压实作用下造成泥岩、页岩、千枚岩、片岩等软岩岩屑的塑性变形,碎屑颗粒之间的排列次序方向发生变化,强度较高的长石颗粒、石英颗粒发生破裂且颗粒间的接触程度增大,如图 2-6 所示。与此同时,岩石内部的碎屑颗粒在压溶机制的作用下会发生线性接触,此外,压溶作用也能够导致颗粒间的凹凸接触以及石英次生现象,从而在一定程度上降低了岩石孔隙的渗流能力。

图 2-6　颗粒塑性变形[27]

2.3.2.2　胶结作用

当弱胶结含煤地层中的沉积物在压实过程中受到外力作用,并辅以渗流作用的同时,岩石中的部分矿物成分会发生溶解,而溶解后的含有矿物的水溶液会通过岩石内部的裂隙和孔隙不断渗透和扩散,随着含有矿物的水溶液中的矿物发生结晶,沉积物的颗粒被结晶晶体黏结在一起的过程称为胶结作用。相较沉积压实作用,胶结作用能够使颗粒之间的摩擦系数增大,减小地层内部的孔隙体积。以本书研究区为例,延安组弱胶结含煤地层的主要胶结类型为黏土矿物胶结、硅质胶结、碳酸盐胶结,同时还发育少量黄铁矿、石质胶结物和凝灰质胶结物。

（1）黏土矿物胶结作用

黏土矿物是形成砂岩的主要胶结物之一,其主要成分有绿泥石、高岭石和伊利石等。在延安组弱胶结砂岩中,高岭石为含量较高的黏土矿物,其胶结过程会产生大量的晶间孔隙,同时会堵塞原生的孔隙。高岭石在偏光显微镜和扫描电镜下呈现蠕虫状和书页状的集合体形态,如图 2-7 所示。

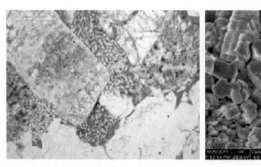

（a）蠕虫状高岭石   （b）书页状高岭石

图 2-7　高岭石偏光显微镜和扫描电镜照片[201]

伊利石是该区域地层中较为发育的另一种黏土矿物,其在扫描电镜下呈现毛发状,其岩石薄片呈现鳞片状。伊利石一般以孔隙衬垫的方式覆盖在颗粒表面,同时也会在颗粒之间的孔隙中进行填充并会堵塞原生的孔隙,如图 2-8 所示。

（a）岩屑外的伊利石薄膜[202]   （b）鳞片状伊利石[201]

图 2-8　伊利石偏光显微镜和扫描电镜照片

（2）硅质胶结作用

硅质胶结物是弱胶结地层中常见的矿物形式,其来源较为多样,主要包括石英颗粒的压溶作用、蒙脱石向伊利石和绿泥石转化过程中形成的 SiO_2、硅酸盐矿物如长石的溶解等[27]。硅质胶结物常表现为联众形态:孔隙填充式与次生加大式,其中,前者与黏土矿物胶结的孔隙填充类似。

对于次生加大式,硅质胶结物会在颗粒周边形成加大瓣,呈不等的厚度分布于颗粒周围进而挤占孔隙的空间。图 2-9 所示为硅质胶结过程中的石英胶结作用与石英次生加大现象。

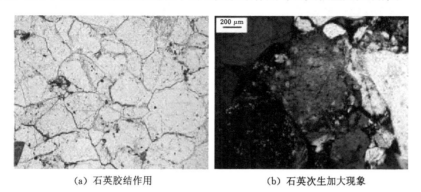

(a) 石英胶结作用   (b) 石英次生加大现象

图 2-9　硅质胶结偏光显微镜和扫描电镜照片[214]

(3) 碳酸盐胶结作用

碳酸盐矿物是延安组弱胶结地层中分布较为广泛的一种自生矿物,其组成成分包括方解石和白云石,呈自形、半自形(填充在孔隙中)或交代碎屑颗粒。碳酸盐胶结物主要的作用是对地层中的孔隙进行充填胶结,降低地层中的孔渗性能,这种充填不仅存在于原生的空隙,次生孔隙中也会发生这种现象,如碳酸盐胶结物通常充填经过次生石英胶结而缩小的残余颗粒间的孔隙。碳酸盐胶结偏光显微镜照片如图 2-10 所示。

(a) 方解石斑状分布[203]   (b) 白云石充填孔隙[204]

图 2-10　碳酸盐胶结偏光显微镜照片

2.3.2.3　溶蚀作用

溶蚀作用是弱胶结地层内的重要成岩作用之一,主要功能是通过铝硅酸盐和碳酸盐矿物的表面和内部发生溶蚀,进而形成次生孔隙,提高孔隙之间的连通性。在地层中的淡水和酸性水的作用下,容易发生溶蚀作用的主要成分是长石、杂基和岩屑,并含有少量云母;在碱性流体的作用下,石英和高岭石会发生溶蚀作用,形成颗粒内溶孔。碳酸盐溶解物主要是方解石的溶解物,由于酸性孔隙水的作用,颗粒周围的方解石胶结物会被溶解同时造成次生孔隙发育,这种次生孔隙通常呈现港湾状或锯齿状[205]。硅铝酸盐矿物溶解通常以长石为主,大多情况下,长石被黏土化,溶解情况严重,长石颗粒基本上是完全溶解的,进而产生具长石外形的孔。溶蚀成岩作用特征见图 2-11。

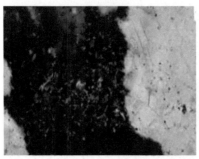 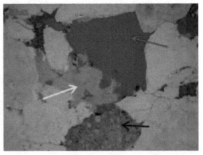

（a）岩屑间溶蚀形成孔隙　　　　（b）石英、高岭石溶蚀形成粒内溶孔

图 2-11　溶蚀成岩作用特征[205]

2.4　弱胶结砂岩矿物成分及细观结构

研究弱胶结砂岩的结构特征及其对岩石力学特性的影响，可以为深入研究弱胶结砂岩的力学特性奠定基础。本节拟通过偏光显微镜、扫描电镜和 X 射线衍射仪等方法，对弱胶结砂岩的矿物组成、化学成分、形貌特征、胶结情况等矿物学特征进行定性的研究。

2.4.1　弱胶结砂岩矿物组成

通过 X 射线衍射仪来分析岩石样品的矿物组分和含量是目前常用的试验手段。试验所用仪器为 XPert3 Powder X 射线衍射仪（图 2-12）。

图 2-12　XPert3 Powder X 射线衍射仪

试验的岩石样品为取自小纪汗煤矿的延安组的粗砂岩、中砂岩和泥质砂岩，首先将其研磨成细度为 350 目的岩样粉末，然后将其置于透明的玻璃板上进行压实操作，再将标本放置

在仪器中进行扫描,最后通过 Jade6.0 软件对扫描结果进行定性及定量分析,获得的不同样品的 XRD(X 射线衍射)图谱如图 2-13 所示。

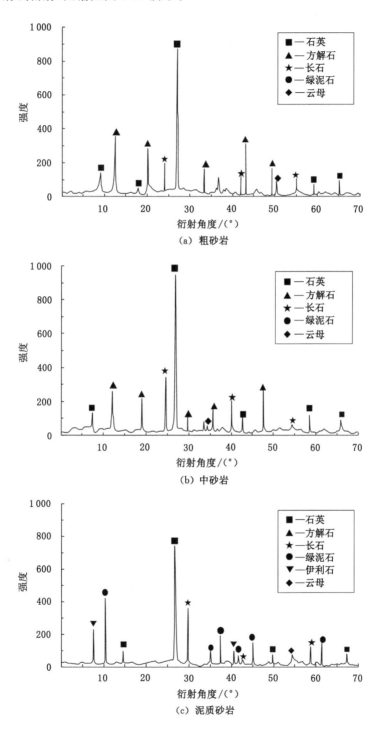

图 2-13　测试岩样的 XRD 图谱

针对弱胶结砂岩,有学者将岩石内部组成物质划分为骨架和胶结物两类[148,206],也有学者认为岩石由硬体和软体两部分组成,其中,软体部分是由强度低的胶结物和孔隙组成的[137,207]。由此可以看出,弱胶结砂岩与其他类型的砂岩在成分构成上是有区别的。

以图 2-13 所示的侏罗系延安组粗砂岩、中砂岩以及泥质砂岩为例,硬体部分主要由石英、方解石、长石、云母以及其他一些碎屑矿物(如菱铁矿、黄铁矿、金红石等)组成;软体部分则是由伊利石、高岭石、绿泥石等黏土矿物构成的泥质胶结物,在应力、水的作用下,其将硬体部分的颗粒胶结在一起,与此同时,岩石内部还存在着少量硅质胶结物和碳酸盐胶结物。粗砂岩中,主要的硬体物质是石英(40.4%)、长石(25.2%),以及少量方解石(7.5%)和云母(3.5%),胶结物成分主要是黏土矿物,如伊利石、高岭石等。中砂岩与粗砂岩的组分构成较为相似,但其中石英的比例提升至 45.4%,这说明中砂岩相对粗砂岩,其成熟程度略高,物理性质方面优于粗砂岩。泥质砂岩中硬体部分的含量相对粗砂岩和中砂岩明显降低,石英仅占 16.5%,长石和方解石分别占 11.5% 和 1.3%,而胶结物含量的占比增大,尤其是绿泥石(36.5%)的比例较高,这说明泥质砂岩中的主要胶结类型是泥质胶结(黏土胶结)。

2.4.2 偏光显微镜矿物分析

偏光显微镜(polarizing microscope)矿物分析是根据物质(晶体)的双折射特性以及光的干涉原理进行的晶体形态结构的测定。图 2-14 为本次试验所采用的 DYP-990 偏光显微镜。

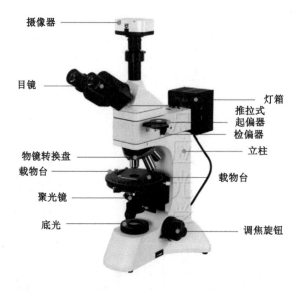

图 2-14　DYP-990 偏光显微镜

本次试验检测的是弱胶结粗砂岩和弱胶结中砂岩,分别采用放大 20 倍、50 倍和 100 倍的倍率进行偏光显微观察,结果如图 2-15 所示。由图 2-15 可知,粗砂岩的碎屑颗粒以石英和长石为主,主要的胶结类型为泥质胶结,局部存在碳酸盐胶结。石英和长石碎屑颗粒的分布形态为棱角-次棱角状,岩石中石英的含量为 40%~45%;长石颗粒的分布形态为棱角状,含量为 25%~30%;云母及其他矿物的含量为 5%~10%,其余成分为各种胶结物,主要为泥质胶结和碳酸盐胶结。从颗粒大小来看,碎屑颗粒的粒径多为 0.3~0.5 mm,颗粒大小均一性差,分选性中等,岩石的成熟度较低。

(a) 粗砂岩(放大 25 倍) (b) 中砂岩(放大 25 倍)

(c) 粗砂岩(放大 50 倍) (d) 中砂岩(放大 50 倍)

(e) 粗砂岩(放大 100 倍) (f) 中砂岩(放大 100 倍)

图 2-15 弱胶结砂岩的偏光显微镜照片

中砂岩的碎屑颗粒与粗砂岩构成相近,以石英和长石为主,胶结类型以泥质胶结和钙质胶结为主,同时存在少量碳酸盐胶结和铁质胶结。石英及长石碎屑颗粒的分布形态为棱角-次棱角状,中砂岩的石英含量较粗砂岩高,达 50%~55%;长石颗粒的分布形态为棱角状,含量为 15%~20%;云母及其他矿物的含量为 10%;胶结物含量为 10%~15%。碎屑颗粒的粒径多为 0.2～0.4 mm，颗粒大小均一性略优于粗砂岩，分选性中等。从石英的含量来看，中砂岩的成熟度略高于粗砂岩。

2.4.3 弱胶结砂岩细观结构

弱胶结砂岩的宏观物理力学特性与其细观结构和内部颗粒的物质形态之间有着重要的关联性。通过对不同的矿物成分和晶体构成的岩石内部颗粒间的分布结构、接触特征等进行细观尺度上的分析，能够更加全面深入地了解弱胶结砂岩的内部特征，为揭示其对力学特性的影响奠定基础。本小节采用场发射电镜扫描方法对弱胶结砂岩进行分析。试验所采用的设备为 GeminiSEM 450 场发射电镜扫描仪，如图 2-16 所示。

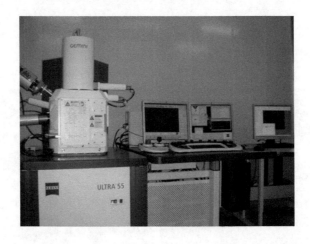

图 2-16　GeminiSEM 450 场发射电镜扫描仪

在进行观察之前，需要将待观察岩样加工成长、宽均为 4 mm，厚度小于 2 mm 的岩石小薄片，加工过程中要确保断口的清洁。扫描电镜可以直接观测导电体，但鉴于岩石为不良导电体，因此在进行观测之前应对岩样进行喷金处理，即在岩石小薄片表面喷涂金（Au）或者铂（Pt），以形成一层导电薄膜，之后再将其放入仪器进行观测。通过扫描电镜观测的内容包括岩石的颗粒大小、颗粒形态、颗粒之间的接触类型、胶结物及胶结方式、内部孔隙分布。本次观测的弱胶结砂岩岩样分别为侏罗系延安组粗砂岩、中砂岩和泥质砂岩。弱胶结砂岩的扫描电镜图像见图 2-17。

粗砂岩的骨架结构主要由硬质矿物颗粒构成，如石英、长石和云母等形成具有孔隙且较为松散和均匀的骨架结构，胶结物黏粒会在矿物颗粒表面覆膜或者在颗粒之间形成胶结连接，单元之间的连接一般呈凝聚型分布。硬质颗粒之间、结构单元之间会形成分布比较均匀的颗粒间孔隙和聚集体间孔隙。另外，粗砂岩的某些位置存在层状结构，其构成的基本单元大小均匀且有一定的定向性，聚集体之间呈现体-面和面-面接触，沿层面有一定的定向性。因此，粗砂岩在细观结构上可以看作片状的骨架结构。中砂岩与粗砂岩存在类似的结构，但颗粒的粒径尺寸小于粗砂岩，硬质颗粒分布相对均匀，颗粒间存在明显的裂隙且局部区域存在层理发育的现象，其中的层状结构有较小的颗粒剥离迹象。中砂岩的胶结程度高，填隙物含量较高，碎屑

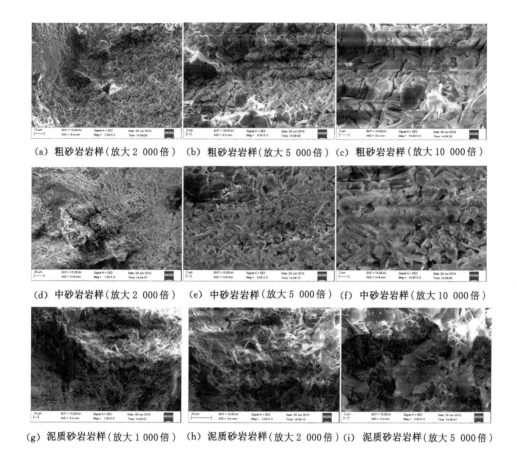

（a）粗砂岩岩样（放大 2 000 倍）　（b）粗砂岩岩样（放大 5 000 倍）（c）粗砂岩岩样（放大 10 000 倍）

（d）中砂岩岩样（放大 2 000 倍）　（e）中砂岩岩样（放大 5 000 倍）　（f）中砂岩岩样（放大 10 000 倍）

（g）泥质砂岩岩样（放大 1 000 倍）　（h）泥质砂岩岩样（放大 2 000 倍）（i）泥质砂岩岩样（放大 5 000 倍）

图 2-17　弱胶结砂岩的扫描电镜图像

颗粒在其中的相互接触程度较低,分布形态多为离散状[208]。泥质砂岩内部呈絮状骨架结构,原生的硬质颗粒通常散布于岩石内部,颗粒间存在较为密集的孔隙和孔洞,岩石中的片状矿物包括绿泥石、伊利石等,由于孔隙结构发育,泥质砂岩强度较低但压缩性较高。

2.5　弱胶结砂岩常规物理力学特性

2.5.1　弱胶结砂岩基本物理特性

岩石样品为取自小纪汗煤矿的延安组的粗砂岩和中砂岩,取样深度为 300 m。采集的岩石样品为完整的不规则大型岩块,将其加工制作成直径为 50 mm,高度为 100 mm 的圆柱体试件,并对试件两端进行磨平,确保不平行度小于 0.05%。图 2-18 为部分试件照片。

由于弱胶结砂岩所在地层的含水量较高,因此还应进行干燥状态和饱和状态下的含水率测定和波速测定。干燥试件的含水率测定方法为:首先,将岩石试样放在 105 ℃的烘箱内烘干 24 h;其次,将其取出放置于干燥容器内并冷却至室温;然后,计算干燥后的试件称重

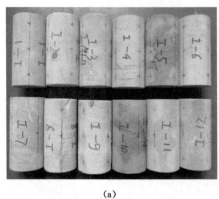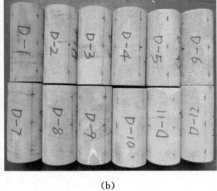

(a)   (b)

图 2-18 　弱胶结砂岩试件

质量 M_2 和天然状态试件的称重质量 M_1 之间的差值与 M_1 的比值；最后，采用三次测定结果的平均值作为最终的含水率数据。含水率计算式见式(2-1)。饱和试件由经抽真空处理后的试件先经过干燥再浸水 30 d 获得，其含水率测定采用相同方法进行。

$$\omega = \left(\frac{M_1 - M_2}{M_1}\right) \times 100\% \tag{2-1}$$

式中 　ω ——含水率；

　　　M_1——天然状态试件的称重质量；

　　　M_2——干燥后的试件称重质量。

对弱胶结砂岩的试件进行了密度、波速以及含水率的测定，结果见表 2-6 与表 2-7。

表 2-6 　弱胶结砂岩的密度

试件类型	试件编号	高度 H/mm	直径 D/mm	质量 m/g	密度/g·cm^{-3}
粗砂岩	1	100.30	49.60	480.62	2.48
	2	100.20	49.70	460.70	2.37
	3	100.10	49.60	466.13	2.41
	4	100.20	49.80	476.22	2.44
	5	99.80	49.70	487.90	2.52
	6	100.10	49.50	454.62	2.36
	均值	100.10	49.65	470.93	2.43
中砂岩	1	99.70	49.80	520.45	2.68
	2	100.20	50.10	547.16	2.77
	3	100.60	50.10	509.68	2.57
	4	100.10	49.70	508.79	2.62
	5	99.80	49.50	491.67	2.56
	6	100.20	49.80	484.03	2.48
	均值	100.10	49.83	509.52	2.61

表 2-7　干燥与饱和弱胶结砂岩的含水率及波速

试件类型	试件编号	含水率/%		波速/m·s⁻¹	
		干燥	饱和	干燥	饱和
粗砂岩	1	0.74	3.25	2 883	3 047
	2	0.81	3.21	2 768	2 998
	3	0.91	3.29	2 911	3 088
	4	0.87	3.21	2 908	3 107
	5	0.86	3.27	2 808	3 042
	6	0.85	3.24	2 777	3 015
	均值	0.84	3.25	2 842	3 050
中砂岩	1	0.77	3.15	3 088	3 352
	2	0.81	3.14	3 276	3 494
	3	0.72	3.19	3 018	3 329
	4	0.74	3.21	3 111	3 246
	5	0.78	3.17	3 057	3 408
	6	0.76	3.14	3 012	3 373
	均值	0.76	3.17	3 093	3 367

由表 2-6 可知,粗砂岩的平均密度低于中砂岩。中砂岩内部的孔隙、微裂隙发育程度低于粗砂岩,成岩颗粒致密程度较高,同时中砂岩内部矿物颗粒之间的胶结强度高于粗砂岩内部的胶结强度,因此二者的密度存在一些差别。但由于粗砂岩和中砂岩的埋深、成岩时间大致相同,因此二者在密度方面表现出来的差别并不明显。表 2-7 中,干燥状态下粗砂岩的波速低于中砂岩。随着岩石致密性的增加,波速也随之增加,这说明波速的大小与岩石密度、内部孔隙情况相关。粗砂岩的密度较低,内部孔隙率高,岩石的致密程度低,因此,其波速较低;而中砂岩内部的矿物颗粒排列致密,孔隙率较低,因此其波速高于粗砂岩。

由表 2-7 可知,干燥和饱和状态下粗砂岩的含水率均值均高于中砂岩,饱和状态下砂岩的波速更高。这说明,除岩石的致密程度外,含水率也是影响波速传播的重要因素。当声波在干燥的岩石中传播,遇到岩石中的孔隙和微裂隙时,其会发生绕射[209],当存在较多的孔隙时,绕射次数增加导致声波传播的实际距离增加,因此干燥状态下的砂岩波速较低。饱和状态下砂岩内部的孔隙和微裂隙中的空气已经被水驱替,颗粒骨架之间的自由空间被压缩减小,从而减弱了矿物颗粒之间的相互联结,尤其是弱胶结砂岩中的泥质胶结物、钙质胶结物在水的作用下会发生破坏,试件的强度和弹性模量都会降低,这时声波在岩石中的传播实际上是通过矿物颗粒与水的耦合进行的,表现在宏观上即波速增加。

2.5.2　弱胶结砂岩基本力学特性

2.5.2.1　拉伸及剪切特性

（1）拉伸试验

采用 YAW-3000 微机控制电液伺服压力试验机进行巴西拉伸强度试验,对延安组的粗砂岩和中砂岩分别进行了 16 组抗拉试验。图 2-19 为本次抗拉试验的强度分布。拉伸试验的结果表明,粗砂岩的平均抗拉强度低于中砂岩。与中砂岩相比,粗砂岩的胶结物成分主要是黏土矿物,如伊利石、高岭石等,胶结强度相对较低;中砂岩中的胶结物除黏土矿物成分、硅质胶结物和碳酸盐胶结物的比例较粗砂岩有所增加外,还含有少量的铁质胶结物等,从而提高了中砂岩内部的胶结强度。这就导致粗砂岩在进行巴西拉伸强度试验时更容易产生拉裂纹贯通破坏。

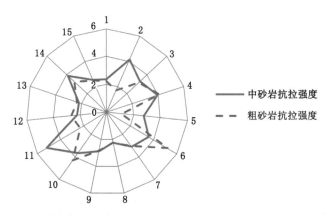

图 2-19　抗拉试验的强度分布(单位:MPa)

由图 2-19 可以看出,粗砂岩和中砂岩的抗拉强度的分布是比较离散的,尤其是粗砂岩,其中有两块试件的抗拉强度分别达 5.21 MPa 和 4.32 MPa,远高于中砂岩的平均抗拉强度。推测可能是个别粗砂岩试件中存在粒径较大的石英颗粒。一方面,较大尺寸的石英颗粒可以增加粗砂岩内部的紧密度,闭合部分微裂隙和微孔洞,从而可以增加抗拉强度;另一方面,石英颗粒粒径的增加,在一定程度上可以阻止裂纹的迅速贯通扩展。裂纹在绕过石英颗粒时难度增加,只有依靠荷载的增加扩展新的裂纹才能进一步贯通试件,故宏观上表现为抗拉强度的增加。

(2)剪切试验

弱胶结砂岩的剪切试验采用 YAW-300 岩石直剪试验机进行,对延安组的粗砂岩和中砂岩分别进行了 2 组剪切试验,在试验过程中模拟煤矿顶、底板的承压环境,分别采用 5 kN、10 kN、15 kN、20 kN、25 kN 的法向荷载,同时切向荷载以 10 kN/min 的加载速率对试件进行加载,剪切试验结果见图 2-20。

结果显示:粗砂岩内摩擦角的平均值为 35.97°,中砂岩内摩擦角的平均值为 39.14°,比粗砂岩高 8.82%;粗砂岩内聚力的平均值为 3.36 MPa,中砂岩内聚力的平均值为 3.74 MPa,比粗砂岩高 11.31%。

在剪切荷载的作用下,岩石内部的微裂纹会逐渐地扩展开裂,这种开裂往往沿着颗粒的边界和胶结物扩展,这主要是因为相对穿透颗粒,沿着颗粒边界和胶结物的起裂方式所消耗的能量更少。对于延安组弱胶结砂岩来说,胶结类型主要是黏土胶结,同时辅以碳酸盐胶结

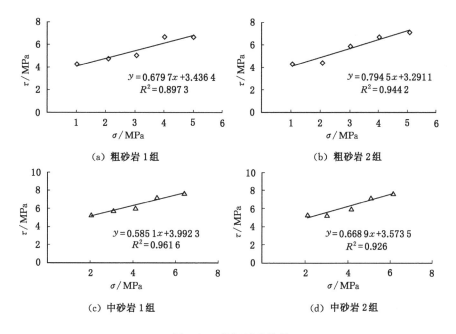

图 2-20　剪切试验结果

等其他胶结类型,相对硬质岩石,弱胶结砂岩更容易让裂缝穿透延伸。同时,随着剪切荷载的增加,弱胶结砂岩内部的颗粒会产生错动及摩擦,加之颗粒的不均匀分布、颗粒粒径之间存在的差异以及颗粒物理性质的不同,局部区域会形成应力集中现象,并造成部分颗粒产生裂纹并扩展,进而颗粒被裂纹穿透并碎裂。因此,在剪切荷载的作用下,砂岩的破裂过程在其内部存在两种形式:一种是沿晶破裂,即裂纹沿颗粒边界和胶结物扩展;另一种是穿晶破裂,即裂纹在应力集中处穿透颗粒并扩展[50]。弱胶结砂岩剪切试验中的裂纹多属于沿晶扩展。

　　进一步对比粗砂岩和中砂岩,粗砂岩的胶结方式主要是黏土胶结,硬体部分即骨架颗粒主要由石英、长石、方解石等组成,中砂岩与其成分相似,但其石英含量更高。这就造成在剪切荷载作用下,粗砂岩中的裂纹更容易沿胶结物和颗粒边界扩展,同时粗砂岩中的颗粒相对中砂岩出现穿晶破裂的概率更高。这种内在机制表现在宏观上即中砂岩的内摩擦角和内聚力的平均值都高于粗砂岩。

2.5.2.2　单轴压缩及三轴压缩试验

（1）单轴压缩试验

① 力学特性

加载系统采用的是 TAW-3000 微机控制电液伺服岩石三轴压力试验机（图 2-21）。试验机整体刚度大于 10 GN/m,最大轴向压力为 3 000 kN,最大围压为 100 MPa。

　　对延安组的粗砂岩和中砂岩分别进行单轴压缩试验。试验采用力加载方式,加载速率为 20 kN/min,连续加载至试件完全破坏。本书以粗砂岩试验结果为例进行说明,根据单轴压缩试验结果,绘制了部分试件的应力-应变曲线,如图 2-22 所示。

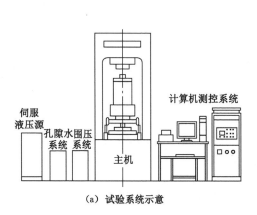

（a）试验系统示意	（b）试验机照片

图 2-21　TAW-3000 微机控制电液伺服岩石三轴压力试验机

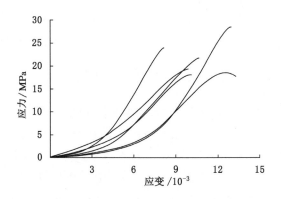

图 2-22　部分试件的应力-应变曲线

由图 2-22 可以看出,小纪汗煤矿弱胶结粗砂岩的应力-应变曲线呈现明显的压密特征,这与其细观结构有密切关系。6 个弱胶结粗砂岩试件的单轴抗压强度为 18.15～28.73 MPa,平均强度为 21.66 MPa,虽然强度分布具有一定的离散性,但总体属于强度较低的砂岩。从应变过程来看,6 个试件中,应变最大的为 1.262×10^{-2},最小的为 8.03×10^{-3},平均应变为 1.063×10^{-2},说明在单轴压缩的过程中,岩石本身的应力较大,产生塑性变形,而不是过早失稳破裂。上述应力和应变的特点,能够充分反映试件胶结程度弱的特性。

② 变形特征

岩石的单轴抗压强度与弹性模量之间存在模糊的正相关性,通过建立二者之间相关性的关系式,可以在缺乏必要试验条件或者初步应用的时候利用这种关系式对弹性模量进行估算。根据弱胶结粗砂岩的单轴抗压试验数据,采用线性函数、二次函数和幂函数 3 种模型来拟合试件的单轴抗压强度和弹性模量,其中,弹性模量采用岩石试件的平均弹性模量,选择应力-应变曲线的直线段的斜率来计算。三种拟合函数的图像见图 2-23 和图 2-24。

图 2-23 是利用 19 组粗砂岩单轴抗压强度和弹性模量的数据来进行拟合的。其中,线

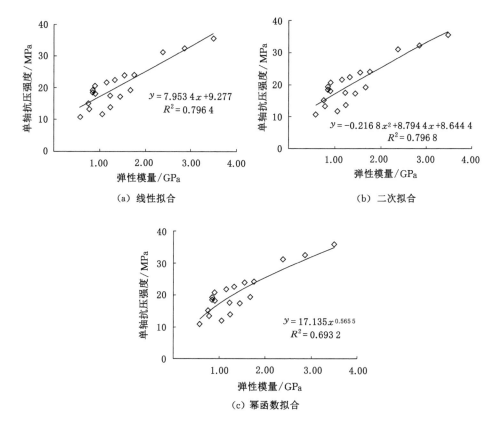

图 2-23　粗砂岩弹性模量与单轴抗压强度的拟合关系

性函数拟合的相关系数为 0.796 4，二次函数拟合的相关系数为 0.796 8，二者较为接近，幂函数拟合的相关系数为 0.693 2，略低于前两种拟合函数的相关系数。

图 2-24 是利用 15 组中砂岩单轴抗压强度和弹性模量的数据进行拟合的，其中，线性函数拟合的相关系数为 0.875 4，二次函数拟合的相关系数为 0.875 5，幂函数拟合的相关系数为 0.857 3，三者十分接近。

对比粗砂岩和中砂岩拟合函数的相关系数可以发现，中砂岩的三种拟合函数的相关系数均高于粗砂岩，且三种拟合函数相关系数的平方值比较接近，三种拟合函数相关系数的平均值为 0.869 4，这说明三种函数拟合后的相关性较好。粗砂岩三种拟合函数相关系数的平均值为 0.762 1，且三者之间的离散程度高于中砂岩。这是由于，一方面，中砂岩内部颗粒的排列相对比较均匀，裂隙、孔隙的发育程度低于粗砂岩；另一方面，粗砂岩抗压强度较低，在荷载的作用下裂隙的扩展和贯通会沿着颗粒边界发展，达到抗压强度失稳破坏时存在较大的不确定性，离散程度更高。根据弱胶结砂岩单轴抗压强度与弹性模量之间的三种拟合函数的相关性分析结果，选择二次函数拟合单轴抗压强度与弹性模量之间的关系，见表 2-8。

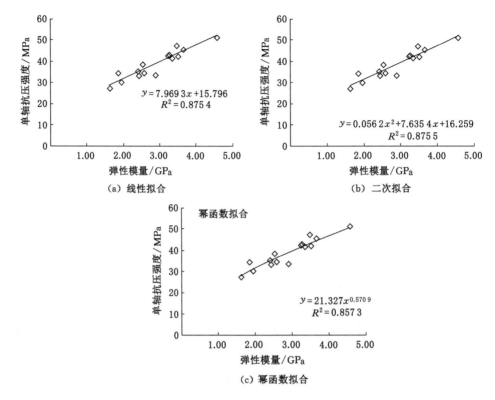

图 2-24　中砂岩弹性模量与单轴抗压强度的拟合关系

表 2-8　单轴抗压强度与弹性模量的关系式

岩石类型	拟合函数	R^2	样本数量/组
粗砂岩	$R_c = -0.216\,8E^2 + 8.794\,4E + 8.644\,4$	0.796 8	19
中砂岩	$R_c = 0.056\,2E^2 + 7.635\,4E + 16.259$	0.875 5	15

注：R_c 为单轴抗压强度，MPa；E 为弹性模量，GPa。

通过拟合函数对部分粗砂岩和中砂岩的试件强度进行推算，并与试件的实际强度进行对比，图 2-25 绘制了试算强度、实际强度以及强度差值的分布情况。由图 2-25 可以明显看出，多数试件的试算强度与实际强度是比较接近的。计算结果中，中砂岩的平均强度差为 1.93 MPa，粗砂岩的平均强度差为 2.96 MPa，多数误差值都分布在 x 轴附近，但是在粗砂岩中出现了 5.90 MPa 的强度差值，这说明粗砂岩强度的离散性较强。上述结果说明，所采用的二次函数拟合方式具有一定的预测性，但是预测岩石强度问题是一个受多方面因素制约的问题，其预测结果在实际的工程运用中仅作为参考。

（2）三轴压缩试验

① 力学特性

三轴压缩试验同样采用 TAW-3000 微机控制电液伺服岩石三轴压力试验机进行。三轴压缩试验过程：加载初始阶段采用位移控制方式将轴压加载到预定荷载保持稳定，

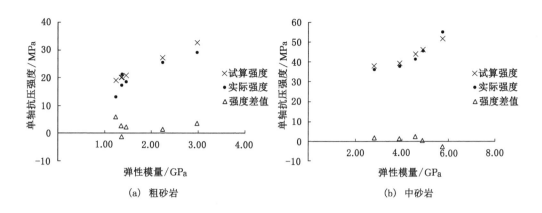

(a)　粗砂岩　　　　　　　　　　(b)　中砂岩

图 2-25　试算强度、实际强度以及强度差值的分布情况

再将围压加载至预定值(围压分别为 3.5 MPa、7.5 MPa、11.5 MPa、15.5 MPa、19.5 MPa),加载速率为0.5 MPa/s。确保围压恒定后,以 0.001 mm/s 的速率加载轴压直至试件完全破坏。试验采用的试样为弱胶结中砂岩,通过试验得到的弱胶结中砂岩在 6 种不同围压下的应力-应变曲线,如图 2-26 所示,其中,0~19.5 MPa 的数字标注为围压强度。图 2-27 是以围压为 7.5 MPa 为例,概括的典型的弱胶结中砂岩全过程曲线,其可以划分为微裂隙压密阶段(OA)、弹性变形阶段(AB)、裂隙发展至破坏阶段(BC)、破裂后阶段(CD)四个阶段。

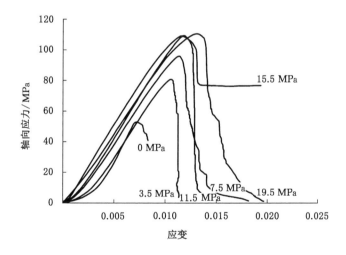

图 2-26　三轴压缩试验应力-应变曲线

由图 2-26 可以看出,微裂隙压密阶段(OA)在低围压下较为明显,随着围压的增高,其逐渐缩短并消失。基于图 2-22 和图 2-26 中的应力-应变曲线,能够发现弱胶结砂岩在单轴和三轴压缩的情况下都表现明显的压密特征,本书将在第 3 章对该内容做具体分析。

针对裂隙发展至破坏阶段(BC)进行分析:该阶段试件开始产生塑性变形,并且随着

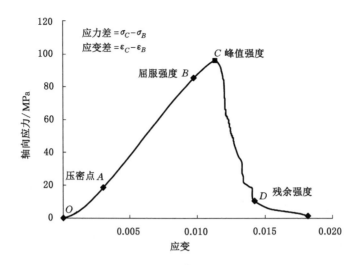

图 2-27　典型的弱胶结中砂岩的全过程曲线

围压的增加塑性变形越来越明显。这是因为,在较高的围压条件下,试件的轴向应力在屈服的过程中逐步增加,这时围压和轴压共同提供正应力,在此作用下岩石内部裂隙摩擦力的承载能力超过了颗粒之间的内聚力,抑制了裂隙间的滑移[210]。岩样内部开始萌生新的裂隙,弱胶结砂岩内部的裂纹会沿着颗粒边界发生多个方向的扩展贯通并生成断面,这些断面在正应力的作用下相继产生屈服,塑性变形不断增大。在图 2-26 中,围压较高的试件在轴向压缩不断增加的过程中,于峰值强度前出现了屈服平台,这时岩石内部裂隙的承载能力基本保持恒定,塑性变形不断增加。相对其他类型的岩石,弱胶结砂岩的屈服平台较短。

另外,BC 段试件呈现由弹性向塑性转变的趋势。定义"应力差"和"应变差"分别代表屈服点 B 至峰值强度 C 的应力差值和应变差值,并计算切线模量。图 2-28 为不同围压时上述量的变化情况,由图 2-28 可以看出,随围压增大,应力差和应变差呈上升趋势,切线模量趋于下降。这是因为,进入屈服阶段后,在围压作用下,试件内部碎屑、晶体和胶结物的排列位置不断改变而得到重新调整,其继续抵抗外力的能力随着围压的增大而增强。图 2-28 中三条曲线的变化趋势说明,BC 段试件由弹性向塑性转变的趋势随着围压增加而变得更为明显。

② 强度特性

在岩石力学领域,三轴压缩试验最为重要的成果是对于一种岩石的不同试件或者不同的试验条件给出几乎恒定的强度指标,并且是通过莫尔强度包络线(Mohr envelope of rock strength)的形式给出的,与此相对应的强度准则为库仑强度准则[181]。

根据库仑强度准则,给出了弱胶结中砂岩在三轴压缩试验中最大轴向应力和围压的关系,如图 2-29 所示。由图 2-29 可以看出,伴随着围压的增加,最大轴向应力也不断增大,其与围压呈正相关关系。通过线性函数进行拟合,其相关系数为 0.985 9,这说明二者

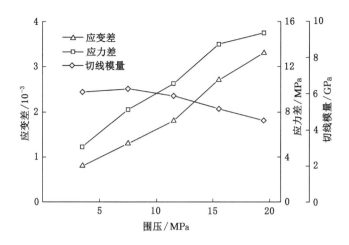

图 2-28　*BC* 段不同围压下应力差、应变差及切线模量的变化情况

具有较强的相关性,利用库仑强度准则表征弱胶结砂岩的最大轴向应力与围压的关系是合适的。同时根据试件的残余应力,绘制了残余应力与围压的关系,并通过线性函数进行拟合,如图 2-30 所示。可见残余应力也与围压呈正相关关系,但是与最大轴向应力和围压的关系相比,其相关系数较小,同时在随着围压增加的过程中,残余应力的增加速率较为缓慢。围压可以增加岩石试件的强度,但是当内部的裂纹不扩展贯通进而形成大的破裂面时,试件的承载能力会急剧下降。此时即使增加围压,试件残余应力的提升程度也十分有限。

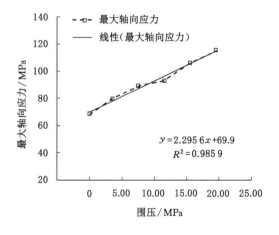

图 2-29　最大轴向应力与围压的关系

2.5.2.3　弱胶结砂岩的破坏模式

（1）拉伸和剪切破坏模式

图 2-31 为劈裂试验后的试件破坏形态。试件基本按照试验夹具上下钢制垫条的加载基线发生破裂,形成 2 个对称半圆盘。从试件破坏后的断口形态来看,劈裂断面大多较为平

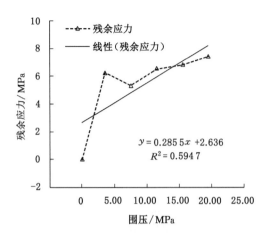

图 2-30　残余应力与围压的关系

直,偶尔会有起伏,断面没有明显的摩擦痕迹,中间有少量砂粒填隙,属于张拉破坏。某些试件如Ⅰ4,破裂面下部相对加载基线出现了少许偏移,从而形成弧形破裂面,推测这是由于在弱胶结砂岩试件内部存在不均匀分布的裂隙,或者个别内部缺陷导致部分试件破裂面呈弧形。

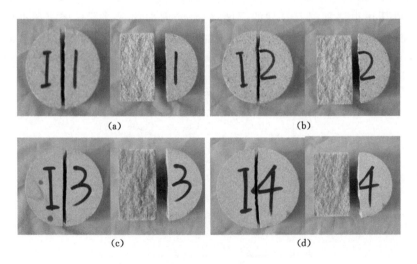

图 2-31　劈裂试验后的试件破坏形态

　　剪切破坏最显著的特征是在试件的预制剪切面位置的附近有微裂纹的萌生和扩展,最终形成宏观贯通的剪切裂纹并导致试件破坏[211]。图 2-32 为剪切试验后的试件破坏形态。由图 2-32 可以看出,试件的破坏形式主要为剪切破坏,在剪切断面处会发生摩擦现象,从而会造成岩石碎屑剥落。从横断面来看,剪切过程造成岩石内部出现裂隙。

　　(2) 单轴和三轴压缩破坏模式

　　岩石单轴受压时,由于种种因素的影响,其真实的破裂形式是模糊不清的,根据大量的

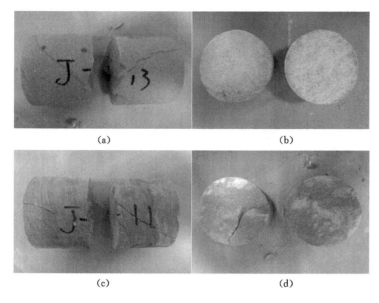

图 2-32　剪切试验后的试件破坏形态

试验结果,常见的破坏形式有三种:X 状共轭剪切破坏、单斜面剪切破坏和拉伸破坏[181],图 2-33 为单轴压缩后弱胶结砂岩的试件破坏形态。由图 2-33 可知,弱胶结砂岩的主要破坏形式有两种,即单斜面剪切破坏和 X 状共轭剪切破坏。破坏形式为单斜面剪切破坏的试件,其单轴抗压强度较高,当单轴抗压强度达到峰值时,其会短时间内发生劈裂,形成单一的破裂面,个别试件侧翼有拉张裂纹;破坏形式为 X 状共轭剪切破坏的试件,其单轴抗压强度较低,在破坏过程中,其进入屈服阶段后会逐渐形成较大裂缝,且试件端部会引起锥体发育,当单轴抗压强度达到峰值时,其会发生破裂,形成 X 状破裂面和锥体破裂块。

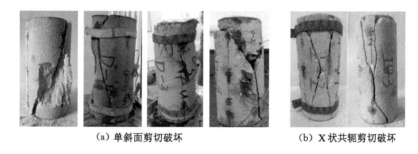

(a) 单斜面剪切破坏　　　　　　(b) X 状共轭剪切破坏

图 2-33　单轴压缩后弱胶结砂岩的试件破坏形态

图 2-34 为三轴压缩后弱胶结砂岩的试件破坏形态。在围压的作用下,砂岩试件内部的应力状态会发生改变,其与单轴压缩下的情况不同。围压较低时,试件通常为单一破裂面形式,部分情况下会沿着主破裂面生成较小的岩块劈裂和剥落,这是由于在低围压条件下,试件在临近破坏时受到的外力束缚较弱,裂纹更容易沿同一方向扩展和贯通,最终形成平整破裂面。随着围压的增加,试件受到围压的束缚,裂纹扩展缓慢,并会随着试件内部应力的变化调整扩展开裂的方向,从而裂纹会沿着抗压强度较低的区域扩展,最终形成不平整的破裂

面或者破裂成多个碎块[212]。

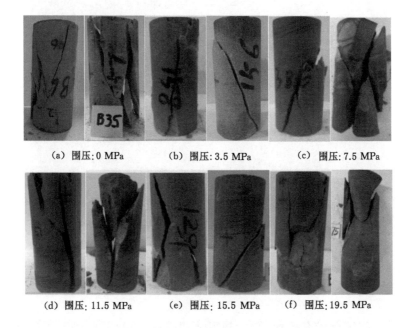

(a) 围压：0 MPa   (b) 围压：3.5 MPa   (c) 围压：7.5 MPa

(d) 围压：11.5 MPa   (e) 围压：15.5 MPa   (f) 围压：19.5 MPa

图 2-34　三轴压缩后弱胶结砂岩的试件破坏形态

第 3 章　弱胶结砂岩压密特征量化分析

3.1　引言

近年来,随着西部煤炭开发强度的加大,研究者对弱胶结含煤地层中砂岩的成岩原因、地质条件、细观结构、力学特性以及变形特征等,开展了许多研究工作。从地质角度来看,弱胶结砂岩赋存区域及其沉积环境较为特殊,基岩较薄且成岩时间较短,多为中生代侏罗纪、白垩纪和新生代;从成岩的机理角度来看,弱胶结砂岩中的胶结作用尤其是泥质胶结起到主要作用;从细观结构角度来看,弱胶结砂岩的颗粒粒径较大,岩石内部孔隙发育程度高;从弱胶结砂岩力学特性来看,其抗拉、抗压强度普遍低于普通砂岩。基于上述认识,学者们普遍认为,弱胶结砂岩是具有胶结强度弱、易风化、塑性变形大、各向异性强、抗拉和抗压强度偏低、内摩擦角小、内聚力小等物理和力学特性的岩石,但目前针对弱胶结砂岩尚未形成明确的定义。本章拟对小纪汗煤矿弱胶结砂岩开展试验研究,对其压密阶段进行量化表征和统计分析,以进一步认识此类岩石的力学特性。

3.2　弱胶结砂岩压密阶段的确定方法

通过单轴、三轴、循环加卸载试验研究可以发现,岩石的许多力学特性、能量演化规律都与裂隙和孔隙有关。有研究表明,在岩石的变形过程中,尤其是在应力较低的初始阶段,孔隙和裂隙的存在会导致岩石出现明显的非线性特征[213-214],对于弱胶结砂岩这一特点尤为明显,反映在应力-应变曲线上即压密阶段应变占峰值应变的比例(下文简称压密段占比)非常明显。认识弱胶结砂岩压密阶段的特征,能够更加完整地把握弱胶结砂岩的应力-应变全过程,对弱胶结砂岩的力学特性有更深入的理解。

在岩石的单轴压缩或者三轴压缩试验中,存在几个重要的应力阈值,包括裂纹闭合应力、裂纹起裂应力、损伤应力和峰值应力,如图 3-1 所示。

图 3-1 中,裂纹闭合应力出现之前的变形阶段即裂纹压密阶段,从应力-应变曲线来看,这一阶段呈现明显的非线性特征。根据本书第 2 章的研究内容,在单轴压缩和三轴压缩试验中,弱胶结砂岩在加载过程中都呈现明显的非线性特征。

目前,学者们对岩石变形破坏过程中的起裂应力和损伤应力开展了较多研究,但是针对弱胶结砂岩的压密阶段和闭合应力的研究还比较少,因此需要找到合适的方法来确定岩石破坏过程中的压密阶段及闭合应力。根据彭俊等[215]的研究,裂纹闭合应力的确定方法有

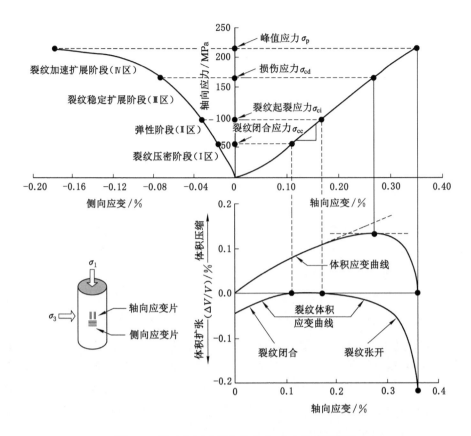

图 3-1　岩石破坏过程中的应力-应变示意图[216]

以下几种。

3.2.1　裂纹体积应变法

根据岩石单轴或三轴试验中的应变数据可以计算岩石的体应变,即

$$\varepsilon_v \simeq \varepsilon_1 + 2\varepsilon_3 \tag{3-1}$$

式中　ε_1——岩石的轴向应变;

　　　ε_3——岩石的侧向应变;

　　　ε_v——岩石的体应变。

ε_1 和 ε_3 可通过试验测得。岩石的体应变可以看作由弹性体应变 ε_{ev} 和裂纹体应变 ε_{cv} 两部分构成,即

$$\varepsilon_v = \varepsilon_{ev} + \varepsilon_{cv} \tag{3-2}$$

式中　ε_{ev}——岩石的弹性体应变;

　　　ε_{cv}——岩石的裂纹体应变。

根据胡克定律,圆柱形试件的弹性体应变为:

$$\varepsilon_{ev} = \frac{1-2\nu}{E}(\sigma_1 - \sigma_3) \tag{3-3}$$

式中　σ_1——轴压；

　　　σ_3——围压；

　　　E——岩石的弹性模量；

　　　ν——岩石的泊松比。

式(3-3)中的参数可通过应力-应变曲线弹性阶段中的相关数值求得。将式(3-3)代入式(3-2)可得岩石单轴压缩条件下的裂纹体应变，即

$$\varepsilon_{cv} = \varepsilon_v - \frac{1-2\nu}{E}\sigma_1 \tag{3-4}$$

通过式(3-4)绘制裂纹体应变-轴向应变曲线可以求得裂纹闭合应力和起裂应力。该方法的裂纹闭合应力精度依赖弹性参数，泊松比受岩样内部微裂纹影响较大，因此当试验前岩样内部已包含大量微裂纹时，则该方法不再适用。

3.2.2　轴向刚度法

Eberhardt 等[217]认为，初始压密阶段的应力-应变曲线中的非线性响应，可通过轴向刚度随应力增加而增大的特性来表示。如图 3-2 所示，在忽略轴向刚度-轴向应力曲线细微波动的前提下，裂纹闭合应力对应该曲线由非线性增长转换为基本不变的转折点。由图 3-2 可以看出，这种方法受主观影响较大且具有一定的随意性，故该方法适用范围较小。

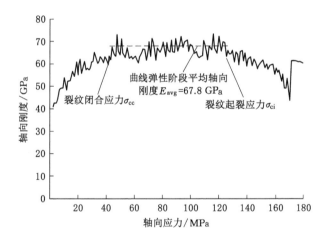

图 3-2　基于轴向刚度法确定裂纹闭合应力示例[217]

3.2.3　轴向应变法

由图 3-1 可以看出，在裂纹压密阶段，轴向应力-轴向应变曲线呈现明显的非线性走势，这与岩石内部裂隙、孔隙的数量及形态有关。假设岩石内部均匀且没有裂隙，则在受压过程中这一阶段的曲线应呈现直线形态。由于孔隙的存在，曲线直至压密阶段结束才进入轴向弹性阶段，两个阶段之间的转折点即裂纹闭合应力点。因此，可以通过岩石轴向应力-轴向

应变曲线确定裂纹闭合应力,方法如图 3-3 所示。该方法也受一定人为因素的影响,但由于没有轴向刚度-轴向应力曲线中的细微波动,因此,相比轴向刚度法,此方法精度更高。综合上述三种方法,本小节选择轴向应变法作为研究方法。

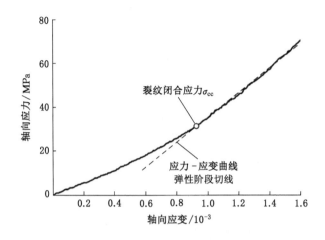

图 3-3　基于轴向应变法确定裂纹闭合应力示例

3.3　弱胶结砂岩力学特征量化分析

在一些关于弱胶结砂岩的研究中,除了弱胶结砂岩的成岩特征和细观结构外,往往会将抗压强度较低作为弱胶结砂岩的力学特征。本书对小纪汗煤矿弱胶结砂岩开展了单轴压缩和三轴压缩试验,通过观察应力-应变曲线可以发现,在单轴压缩条件下,粗砂岩和中砂岩都出现了明显的压密阶段。

根据本书第 2.4 节弱胶结砂岩矿物成分及细观结构的研究,小纪汗煤矿弱胶结砂岩分为弱胶结粗砂岩和弱胶结中砂岩,这两种砂岩均存在宏观结构松散、胶结含量低、胶结程度差的特征,岩石矿物构成中,长石和石英的比例均超过 70%,胶结物主要为泥质胶结且含量较少,上述特征与李回贵等[218]的研究结论相同。从强度角度来看,小纪汗煤矿弱胶结粗砂岩的强度与文献[218]中的强度大小类似,均为 10～30 MPa,而弱胶结中砂岩的强度较高,为 45～80 MPa。无论是小纪汗煤矿弱胶结粗砂岩还是中砂岩,在细观结构及矿物成分方面都符合通常对弱胶结砂岩的认识。因此,本节拟通过对小纪汗煤矿弱胶结砂岩压密阶段特征的研究成果,从低应力下的非线性变形特征角度对其开展进一步研究。

3.3.1　弱胶结粗砂岩压密阶段分析

图 3-4 为弱胶结粗砂岩单轴压缩时的应力-应变曲线。由图 3-4 可以发现,单轴压缩时弱胶结粗砂岩的应力-应变曲线,在受到荷载时,会出现明显的压密特征,反映在曲线的形态上则是在曲线的前段和中段都出现明显的上凹。

弱胶结粗砂岩的单轴抗压强度较低,为 18.15～28.73 MPa,平均单轴抗压强度为

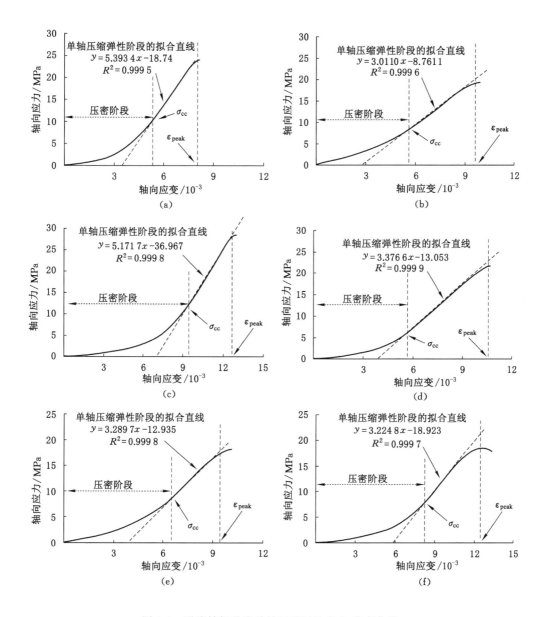

图 3-4　弱胶结粗砂岩单轴压缩时的应力-应变曲线

21.66 MPa。观察图 3-4 可以发现,在加载过程中,曲线出现了明显的上凹现象,这说明弱胶结粗砂岩内部存在丰富的孔隙和微裂隙,同时岩石内部的主要胶结方式——泥质胶结的强度较弱,在受到外力的作用下更容易使原有的孔隙和微裂隙发生闭合,因此产生了明显的非线性变化而导致应力-应变曲线上凹。根据轴向应变法提取弹性应变阶段,并进行线性拟合,然后以压密阶段应变占峰值应变的比例计算出每个试件压密阶段所占的比例,即压密段长度。结果见表 3-1。

表 3-1　单轴压缩下压密阶段所占的比例

	序号	压密阶段所占比例/%	比例均值/%	弹性阶段拟合式	R^2	裂纹闭合应力 σ_{cc}/MPa	裂纹闭合应力均值/MPa
小纪汗煤矿弱胶结粗砂岩	(a)	65.12	65.59	$y=5.393\,4x-18.74$	0.999 5	11.76	8.89
	(b)	56.70		$y=3.011\,0x-8.7611$	0.999 6	8.11	
	(c)	52.38		$y=3.376\,6x-13.053$	0.999 9	6.06	
	(d)	69.14		$y=3.289\,7x-12.935$	0.999 8	7.99	
	(e)	84.07		$y=5.171\,7x-36.967$	0.999 8	12.31	
	(f)	66.12		$y=3.224\,8x-18.923$	0.999 7	7.12	
文献[218]中的弱胶结砂岩	(a)	50.96	58.75	$y=1.575\,1x-4.660\,6$	0.999 3	4.02	3.76
	(b)	63.55		$y=1.464\,2x-6.234\,6$	0.999 5	3.49	
	(c)	61.73		$y=1.277\,9x-5.305\,2$	0.999 9	3.77	

　　李回贵等[218]在对鄂尔多斯弱胶结砂岩的研究中也得出类似的应力-应变曲线,与本小节单轴压缩下的压密阶段特征相似,压密阶段都占据较大的比例。与本小节的弱胶结粗砂岩相比,该文献中的弱胶结砂岩强度略低,孔隙率较高,也存在胶结强度低、胶结量少,长石、石英含量高等特点。根据其试验的应力-应变曲线,同样采用轴向应变法进行压密段长度的计算,结果见图 3-5 和表 3-1。由图 3-5 可以看出,该文献所研究的弱胶结砂岩与小纪汗煤矿弱胶结粗砂岩在变形特征方面较为类似,两者的压密阶段应变占峰值应变的比例均值分别为 58.75% 和 65.59%,裂纹闭合应力均值分别为 3.76 MPa 和 8.89 MPa,由此可以看出,

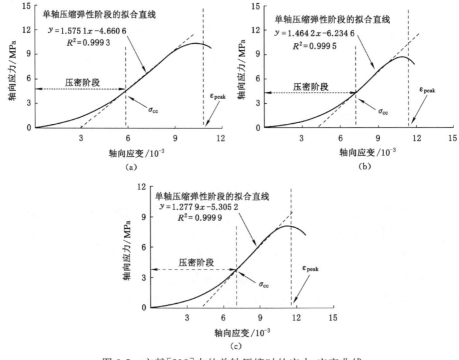

图 3-5　文献[218]中的单轴压缩时的应力-应变曲线

对于强度较低的弱胶结砂岩,压密阶段应变占峰值应变的比例较高,岩石中的孔隙裂隙被压密的过程较长,因此,可以认为较长的压密段是低强度弱胶结砂岩的显著变形特征。

3.3.2　弱胶结中砂岩压密阶段分析

与小纪汗煤矿弱胶结粗砂岩相比,中砂岩的细观结构与矿物成分与其大体相同,单轴抗压强度为 45～80 MPa,这与通常认为的弱胶结砂岩强度低的观点不符。针对小纪汗煤矿弱胶结中砂岩,对压密阶段进行了绘图与分析,结果见图 3-6 和表 3-2。由图 3-6 可以看出,4 个试件的应力-应变曲线均表现出明显的压密特征,压密阶段应变占峰值应变的比例均值为 62.69%,相比弱胶结粗砂岩,这一比例略有降低,这是由于中砂岩中的颗粒粒径略小于粗砂岩中的,颗粒之间的胶结强度较粗砂岩有小幅提高,因而压密段长度有所降低。

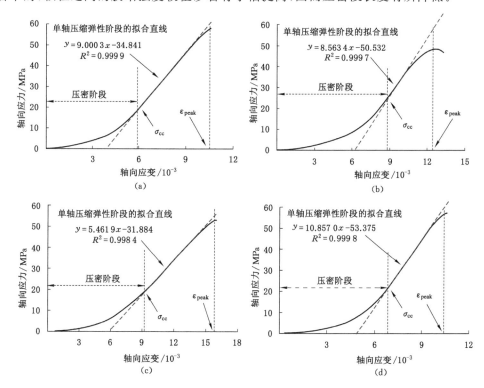

图 3-6　单轴压缩试验压密阶段(中砂岩)

表 3-2　单轴压缩下压密阶段所占的比例(弱胶结中砂岩)

序号	压密阶段所占比例/%	比例均值/%	弹性阶段拟合式	R^2	裂纹闭合应力/ MPa	裂纹闭合应力均值/MPa
(a)	57.14		$y=9.000\,3x-34.841$	0.999 3	18.25	
(b)	68.42	62.69	$y=8.563\,4x-50.532$	0.999 7	24.13	20.50
(c)	58.86		$y=5.461\,9x-31.884$	0.998 4	18.84	
(d)	66.34		$y=10.857\,0x-53.375$	0.999 8	20.76	

此外,还分析了其他与小纪汗煤矿弱胶结中砂岩类似的砂岩的压密阶段,见图3-7。图3-7(a)为重庆云阳砂岩,单轴抗压强度为57.91 MPa,其应力-应变曲线有较短的压密阶段,该压密段长度约为峰值应变的16.86%,与小纪汗煤矿弱胶结中砂岩相比,虽然单轴抗压强度大致相当,但是压密段长度明显降低;图3-7(b)为取自张家口宣东煤矿的顶板砂岩,由图3-7(b)可以看出,在加载的初期阶段,应力-应变曲线有略微上凹的趋势但不显著,此后迅速进入弹性应变阶段并直线上升至试件破坏;图3-7(c)为西南地区的侏罗纪红砂岩,其与小纪汗煤矿弱胶结中砂岩的成岩年代相近,但是在加载过程中并未出现压密阶段,应力-应变曲线从加载开始就呈现线弹性变形特征;图3-7(d)是山东巨野砂岩,其应力-应变曲线同样未出现压密阶段。

对比图3-6和图3-7可以发现,小纪汗煤矿弱胶结中砂岩的应力-应变曲线在单轴压缩下具有明显的压密阶段,且压密阶段在峰值应变之前占有较大比例。而与其单轴抗压强度类似的其他砂岩,在单轴压缩下的压密特征并不显著,或者没有压密阶段,直接进入线弹性变形阶段。因此,显著的压密阶段是小纪汗煤矿弱胶结砂岩的重要特征。

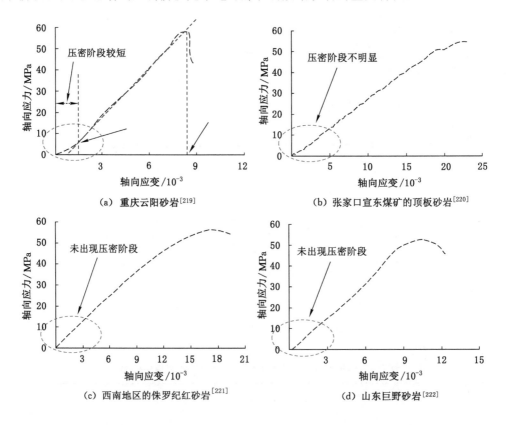

图 3-7 单轴压缩试验压密阶段(其他区域的砂岩)

3.3.3 小纪汗煤矿弱胶结砂岩压密特征分析

根据前两小节的分析,小纪汗煤矿弱胶结粗砂岩和中砂岩在细观结构、矿物成分、胶结物含量以及胶结方式等方面,与许多对弱胶结砂岩特征的研究成果相吻合。在强度特征方面,弱胶结粗砂岩强度较低,这也符合弱胶结砂岩强度低的共识,而弱胶结中砂岩较高的单轴抗压强度则与其他有关弱胶结砂岩的研究不符。但是这两种弱胶结砂岩在单轴压缩下均表现出明显的压密特征,且压密阶段应变占峰值应变的比例超过 60%。尤其是弱胶结中砂岩,在与其他地区同等单轴抗压强度的砂岩进行对比的情况下,其具有更加显著的压密特征,而其他地区砂岩的压密阶段较短,或者未出现压密阶段。

　　小纪汗煤矿弱胶结中砂岩具有较高的单轴抗压强度,同时又表现出明显的压密特征。一方面,其内部颗粒之间的孔隙、裂隙丰富,胶结强度较低,在受到荷载作用时,裂隙不断地被压实闭合,胶结物也在外力的作用下丧失胶结作用,从而导致出现明显的压密特征。另一方面,裂隙闭合以及胶结物失去胶结作用后,岩石的矿物颗粒之间形成接触,由于颗粒的刚度远高于泥质胶结物和钙质胶结物,众多颗粒接触挤压在一起,提升了岩石自身的抗压能力,因此表现出较高的单轴抗压强度。参与对比的其他地区的四种砂岩,其成岩年代和成岩环境与小纪汗煤矿弱胶结砂岩具有一定差异,岩石内部原生的微缺陷较少,在受力时很快闭合,因此这些砂岩没有表现出明显的压密特征。

　　本小节认为,小纪汗煤矿弱胶结砂岩在单轴压缩下压密阶段较长的变形特征和其占峰值应变的比例超过 60%,可以看作此类砂岩的显著特征。同时,砂岩压密特征的显著与否,也可以作为除细观结构和矿物成分外的又一重要特征来鉴别弱胶结砂岩。

3.4　不同围压对压密阶段的影响

　　在实际的矿山建设生产中,岩层会受到压力等扰动,这在一定程度上会影响弱胶结砂岩的变形特征和力学特性。压密是弱胶结砂岩的显著变形特征,在上述影响下,砂岩的压密阶段也会有相应的变化。

　　基于本书第 2.5 节中的三轴压缩试验结果,同样采用轴向应变法对不同围压下的裂隙闭合应力和压密阶段进行划分,如图 3-8 所示,计算结果见表 3-3。

　　图 3-9 为压密阶段所占比例随围压增加的变化趋势。由图 3-9 可以看出,随着围压的增加,压密阶段所占比例逐渐降低。在单轴压缩或三轴压缩试验中,岩石试件中的裂隙和孔隙通过外部施加压力才能够闭合,当围压为 0 或围压较低时,压密裂隙的主要外部应力为轴向应力,压密裂纹需要一定的时间;当围压不断增加时,围压提供的应力也参与到原生裂隙的压密过程,因此,在二者的共同作用下,压密阶段所占的比例逐渐降低。由图 3-9 还可以看出,从围压为 3.5 MPa 到围压为 11.5 MPa 这一阶段,压密段长度减小的速率较快,从围压为 15.5 MPa 到围压为 19.5 MPa 这一阶段,压密段长度减小的速率变缓,曲线斜率减小。这说明高围压下压密段长度变化不明显,这是因为高围压情况下岩石试件内的原生裂隙已经被围压闭合,轴向应力的参与度减小,故应力-应变曲线经过短暂的压密阶段就迅速进入弹性阶段。

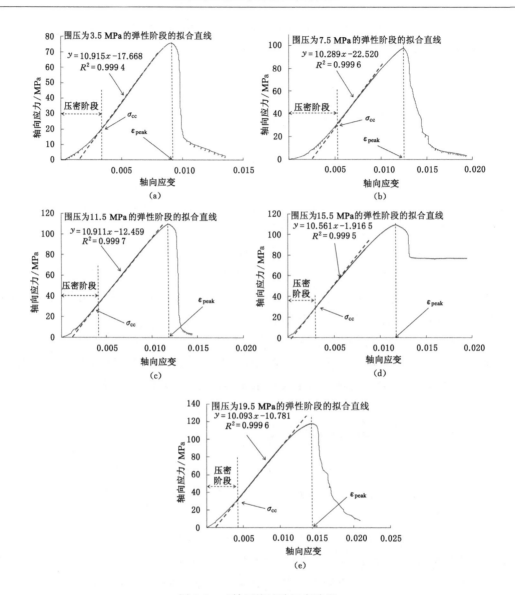

图 3-8　三轴压缩试验压密阶段

表 3-3　不同围压下压密阶段所占的比例

围压/MPa	压密阶段所占比例/%	弹性阶段拟合式	R^2	裂纹闭合应力 σ_{cc}/MPa
3.5	46.18	$y=10.915x-17.668$	0.999 4	21.24
7.5	41.93	$y=10.289x-22.520$	0.999 6	24.96
11.5	30.65	$y=10.911x-12.459$	0.999 7	29.33
15.5	30.65	$y=10.561x-1.916\,5$	0.999 5	29.33
19.5	26.34	$y=10.093x-10.781$	0.999 6	32.38

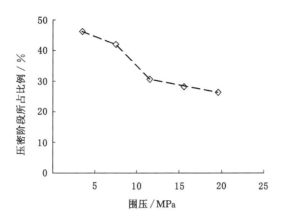

图 3-9　压密阶段所占比例随围压增加的变化趋势

图 3-10 为不同围压下的裂纹闭合应力的变化情况,从曲线的变化趋势来看,随着围压的增加,裂纹闭合应力先随其增大,然后增加趋势变缓,最终趋于某一定值。低围压条件下,岩石试件中的原生裂隙随着轴向应力的增大而被逐步压密闭合,其中,主要被压密闭合的是与轴向应力垂直或呈一定角度的裂隙,此时岩石试件在轴向方向可以看作均匀连续状态的介质;随着围压的不断增加,在围压的作用下,岩石试件内部的裂隙(包括平行于轴压方向的裂隙)均被压密闭合,此时岩石试件可以看作完全均匀的连续介质。反映在应力-应变曲线上,其明显的变化就是在高围压条件下压密阶段逐渐消失,岩石试件从开始受压时就进入弹性阶段。

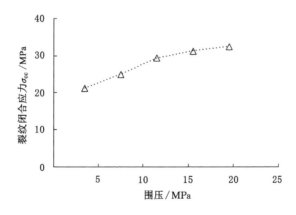

图 3-10　不同围压下的裂纹闭合应力的变化情况

何满潮等[223-225] 在研究软岩的塑性扩容、变形与强度的关系时对泥岩进行了不同围压下的压缩试验,得到的试验结果与本小节类似,即较低的围压下,初始压密阶段有明显的应力-应变曲线上凹特征,应力增大时该特征消失,曲线趋向弹性变形,如图 3-11 所示。

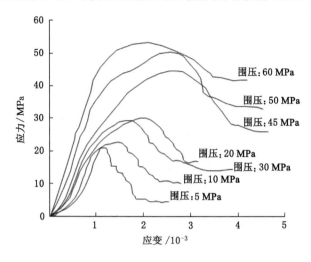

图 3-11 不同围压下的泥岩应力-应变曲线[223]

第 4 章　循环荷载下弱胶结砂岩的力学响应及能量演化规律

4.1　引言

岩石的受载破坏过程宏观上表现为强度的变化和岩石的变形损伤,但实质上是一系列能量转化的复杂过程,其在储存外界传递能量的同时也以多种形式向外界释放能量[104-107],因此,通过能量机制研究循环荷载条件下的岩石破坏问题不失为一种有效的手段。与此同时,由于地质环境的复杂性,一些应力循环作用状态下的矿山工程还会受到水岩耦合作用的影响,故开展不同含水条件下岩石在循环荷载作用下破坏过程的研究,了解其能量演化规律是很有必要的。

本章拟通过对干燥和饱和两种含水条件下的弱胶结砂岩试件开展单轴循环加卸载试验,研究其强度和变形特性,以及试验过程中能量演化规律,研究结果对于认识地下矿山开采过程中的岩石破坏的能量机制具有积极意义。

4.2　单轴循环加卸载试验及力学响应

4.2.1　试验设备、方法及试件

单轴循环加卸载试验采用 TAW -2000 型微机控制电液伺服岩石三轴试验系统,数据采集系统包括应力传感器、位移传感器和静态应变仪等,可以对岩石所加荷载和变形进行测量。试验方法为应力逐级增大循环加载模式,循环峰值荷载每次增加 20 kN,卸载到 10 kN,继而再次增大。整个过程中荷载的变化情况如下:0 kN→30 kN→10 kN→50 kN→10 kN→70 kN→10 kN→90 kN→……→试件破坏,如图 4-1 所示。为了对比研究循环加卸载条件下砂岩的强度特性,还选择了同批的 3 枚干燥试件进行单轴压缩试验。

由于试验研究对象分别为干燥和饱和试件,因此需要采用真空抽气法对试件进行饱水处理。首先将试件标本放入烘箱烘干 100 h 成为干燥试件,然后将部分干燥试件放入真空室抽空后注入纯净水,浸泡 30 d 后成为饱和试件。图 4-2 所示为试验所用的砂岩试件,其质地均匀,无肉眼可见的自然节理。分别采用干燥、饱和试件(各 3 枚)进行循环加卸载试验,试件参数见表 4-1。

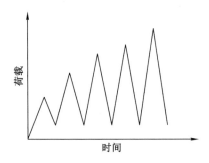

图 4-1　应力逐级增大循环加载模式

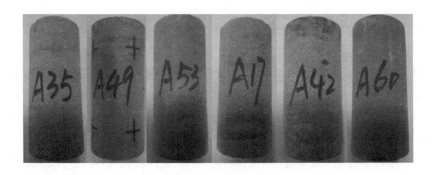

图 4-2　砂岩试件

表 4-1　试件参数

试件编号	尺寸/mm×mm	质量/g	波速/m·s⁻¹	循环荷载峰值强度/MPa
A35	$\phi 47.58 \times 100.06$	419.65	2 788.02	70.01
A49	$\phi 47.66 \times 100.80$	434.96	2 956.01	61.51
A53	$\phi 47.45 \times 100.08$	426.29	2 934.90	78.08
A17	$\phi 47.91 \times 100.60$	433.22	3 076.45	55.53
A42	$\phi 47.60 \times 100.47$	416.37	3 059.43	42.17
A60	$\phi 47.67 \times 100.80$	427.95	3 019.87	46.98

4.2.2　循环荷载下弱胶结砂岩的强度及变形特征

4.2.2.1　强度

　　岩石的应力-应变曲线可以反映岩石在受压变形过程中的强度变化情况和变形特征。本试验中,干燥砂岩试件 A58 单轴压缩时的应力-应变曲线如图 4-3 所示,由图 4-3 可以看出,曲线在峰值强度过后的应力跌落过程明显,具有突然破坏的特征。在循环加卸载条件下,砂岩的应力-应变曲线呈现周期性的变化规律,加载曲线和卸载曲线构成随循环次数增加而面积逐步增大的滞回环,如图 4-4 所示。

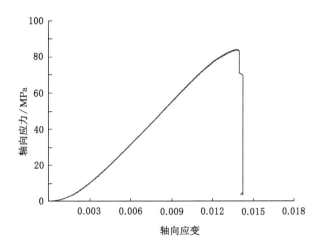

图 4-3　干燥砂岩试件 A58 单轴压缩时的应力-应变曲线

　　为了强度对比所进行的干燥试件单轴压缩试验结果显示,三枚干燥试件的峰值强度分别为 82.75 MPa、84.14 MPa 和 93.42 MPa,平均值为 86.77 MPa。而干燥试件单轴循环加卸载条件下的峰值强度平均值为 69.87 MPa,较前者降低 16.90 MPa,降低幅度为 19.48%。在加载过程中,应力的增大会导致原有裂纹的闭合以及新裂纹的萌生;在卸载过程中,被压密的裂纹会"放松",新产生的裂纹会部分"闭合",但是仍有一些裂缝会造成岩石中出现不可逆的损伤,这种损伤随加卸载循环次数的增加不断积累,岩石内部损伤加剧,从而导致峰值强度的降低。

　　与本小节单轴循环加卸载试验导致砂岩强度弱化这一结论不同的是,一些学者在岩石单轴循环加卸载试验的研究中得出峰值强度增大的结论。也有学者的研究结果与本小节得出的结论相似,如周家文等[74]对向家坝砂岩的研究。综合已有的研究成果,笔者认为,造成单轴循环加卸载后岩石峰值强度变化的原因是多方面的。一方面,与加载的荷载增量有关,较小的荷载增量有助于岩石内部微裂纹的闭合,进而可以逐渐增加岩石的强度,而较大的荷载增量容易在受压初期就造成岩石产生新的微裂纹,进而导致岩石内部损伤积累而降低强度;另一方面,与岩石内部的细观结构有关,岩石峰值强度的变化属于宏观力学特性方面的改变,而其本质是内部细观结构的变化,这与岩石内部颗粒的排列方式、胶结方式或结晶结构等相关,不同岩性的岩石其试验结果也会产生差异。

　　对比干燥和饱和试件的单轴循环加卸载条件下的峰值强度可以发现,饱和试件的峰值强度降低显著,其平均峰值强度为 42.23 MPa,较干燥试件降低 27.64 MPa,降低幅度达39.56%。同时,从干燥和饱和试件在循环加卸载过程中产生的滞回环数量来看,饱和试件的滞回环数量少于干燥试件的滞回环数量。

　　上述特性说明,水浸入岩石内部会对弱胶结砂岩的强度产生较大的影响。由偏光显微镜扫描的结果可知,弱胶结砂岩中含有石英、长石、云母等矿物颗粒,以及泥质胶结物和少部分碳酸盐胶结物。在漫长的地质沉积环境中,矿物颗粒之间分布着许多裂纹、节理、孔洞等微观结构,相比其他类型的砂岩,弱胶结砂岩的微缺陷更多,胶结强度低。当

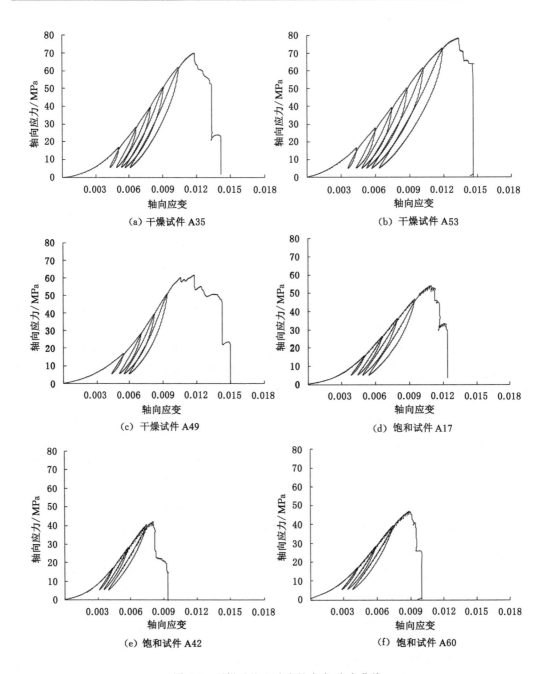

图 4-4　干燥及饱和砂岩的应力-应变曲线

砂岩处于饱水状态时,一方面,水对砂岩中的胶结物起到软化作用,从而会降低胶结物的强度,导致胶结物一定程度上发生松动、运移和扩散,胶结能力急剧下降;另一方面,水对矿物颗粒间的接触面起到润滑作用,从而会引起颗粒接触面间摩擦系数和内聚力的降低,进而会导致岩石强度的弱化。因此,水能够显著地加剧弱胶结砂岩强度的弱化,这也是该类岩石重要的特征。

4.2.2.2 变形特征

岩石的弹性模量是反映岩石力学特性的重要指标,单轴循环加卸载过程中,试件的弹性模量随循环荷载次数的增加不断发生变化,本小节采用每个循环加载曲线和卸载曲线的最大应力点即卸载点和最小应力点的连线斜率来计算加载和卸载弹性模量,见图 4-5(a)和图 4-5(b)。

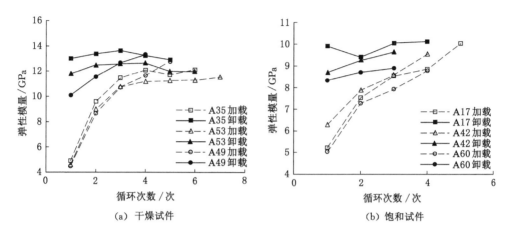

图 4-5 循环加卸载过程中的弹性模量-循环次数曲线

干燥和饱和试件弹性模量的变化细节有所不同,但总体呈随循环次数增加而增大的趋势。尤其是第 1 个加卸载循环过程中加载弹性模量上升显著,试件弹性迅速增强;进入第 2 个加卸载循环过程后,加载弹性模量仍然增大但增速放缓。造成这种变化趋势的主要原因为:第 1 个加卸载循环过程中,加载时砂岩试件内部原有的裂隙和孔隙不断被压密,微裂纹大量闭合,与此同时,卸载过程中被压密的裂隙开始释放,但是仍有很多微裂纹压密后无法得到释放,因此弹性模量表现出较大的增幅,岩石弹性得到强化。在第 1 个加卸载循环过程中,岩石内部微裂纹等缺陷在压密的同时,矿物颗粒之间、颗粒与胶结物之间都进行了重新调整和排列,因此在后续的每个加卸载过程中,没有再出现弹性模量陡增的情况,如同前文提到的循环加卸载过程导致岩石内部损伤积累,因此弹性模量增长速度降低。

由图 4-5(a)可以看出,干燥试件的卸载弹性模量普遍高于加载弹性模量,随着循环进行加卸载试验,曲线之间的距离逐渐趋近,弹性模量差距减小。以试件 A53 为例,进入第 3 次循环后,加卸载弹性模量趋于稳定并接近;进入第 4 次循环后,卸载弹性模量出现下降趋势,这说明第 3 次循环时,试件内部的绝大多数微裂纹已经闭合,试件脆性较强,随后卸载弹性模量减小意味着试件中又有新的微裂纹产生,加卸载积累的岩石损伤导致卸载弹性模量降低。干燥试件的加载弹性模量变化趋势为:迅速增大→缓慢增大→平稳,而卸载弹性模量的变化趋势为:平缓增大→小幅下降。由图 4-5(b)可以看出,由于加卸载循环次数较少,饱和试件弹性模量的变化并不如干燥试件的细节多,但是也大致呈现类似的变化趋势,同时与干燥试件的弹性模量相比,饱和试件的加卸载弹性模量更小,这表明水作用导致弹性模量弱化。

4.3 循环荷载下弱胶结砂岩的能量演化规律

弱胶结砂岩是一种非均质的多相复合材料,岩石内部在成岩的过程中存在大量孔隙和裂隙,当受到外力作用时,岩石要经过裂隙闭合、弹性变形、裂纹扩展、失稳破坏等阶段,在这些阶段中,岩石始终和外界进行能量的交换,将外部的机械能(荷载)转变为应变能,热能存储为自身的内能;又将应变能转换为塑性势能、表面能等,并以声发射、电磁辐射、热能、动能等方式向外界释放能量[107-109]。因此,研究岩石破坏全过程的能量演化规律,对分析工程岩体的突发破坏等问题具有积极意义。本节将介绍岩石破坏过程中的能量种类及变化特征,重点通过单轴循环加卸载试验结果分析干燥和饱和弱胶结砂岩在水岩耦合条件下的力学特征和能量演化规律。

4.3.1 岩石破坏过程中的能量种类及变化特征

4.3.1.1 能量种类

根据能量守恒原理,岩石在破坏过程中互相转化的能量总量是保持恒定的,其中包含的能量种类及形式比较多,可以将这些在岩石破坏过程中互相转化的能量定义为函数关系:

$$E = F(E_e, E_p, E_\Omega, E_v, E_m, E_h, E_x) \tag{4-1}$$

式中　E——总能量;

E_e——弹性变形对应的弹性应变能;

E_p——塑性变形对应的塑性势能;

E_Ω——形成新的表面所耗费的表面能;

E_v——发生破坏后产生的动能;

E_m——破坏过程中产生的各种辐射能;

E_h——破坏过程中产生的热能;

E_x——目前尚未发现的其他能量。

4.3.1.2 岩石宏观变形中的能量变化

从能量变化的角度来看,岩石的每一种应力-应变状态都有与其相应的能量状态。图4-6为岩石内部与外界能量交换的示意图,首先,外界的能量通过机械能(荷载)和热能(外界温度)的形式进入岩石内部;其次,随着荷载的增加,能量以弹性应变能的形式在岩石内部聚集,进一步转化为塑性势能和表面能等形式;当岩石破坏时,以热能、辐射能和动能等形式向外界释放能量。由图4-6可以看出,岩石受载过程中的能量变化是一个动态过程。

图4-7为岩石单轴压缩条件下的应力-应变曲线以及岩石受载过程中的能量演化规律。考虑能量演化规律,可以将应力-应变曲线划分为如下几个阶段。① 压密阶段(OA):岩石内部原生的裂隙和孔洞逐渐闭合,机械能转化为弹性应变能存储于岩石内部;② 弹性阶段(AB):外界的机械能不断转化为弹性应变能,聚集的能量不断增多;③ 稳定破裂发展阶段(BC):外界的机械能仍然多数转化为弹性应变能,新的微裂纹和微孔隙不断萌生、扩展,少数弹性应变能会转化为表面能、塑性势能等形式;④ 不稳定破裂发展阶段(CD):弹性应变能存储能力不断

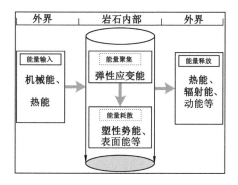

图 4-6　岩石内部与外界能量交换的示意图

下降,随之电磁辐射、声发射、红外辐射等能量耗散增多;⑤ 峰后阶段(DE):岩石整体破坏,产生碎块及颗粒,弹性应变能在此刻均转化为动能、辐射能、热能等释放出来。

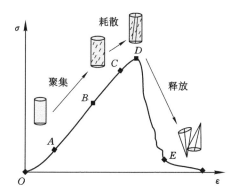

图 4-7　岩石单轴压缩条件下的应力-应变曲线及岩石受载过程中的能量演化规律

4.3.1.3　循环荷载下的能量计算

在循环加卸载的过程中,根据每个单独的加卸载过程来计算当次加卸载过程中的能量。以图 4-8 所示为干燥试件 A53 第 4 次循环时的加载和卸载曲线为例,加载曲线下的曲边梯形 ABDC 的面积表示一个单独循环中外荷载对岩石所做的总功,即总吸收应变能 U;卸载曲线下的曲边梯形 BDFE 的面积表示该循环的弹性应变能 U^e;二者之差(多边形 ABEFC 的面积)为该循环的耗散能 U^d,包括岩石内部发生的损伤和塑性变形,可通过式(4-2)进行计算。

$$U^d = U - U^e = \sum_{\text{加载}} \frac{(\sigma_i + \sigma_{i+1})(\varepsilon_{i+1} - \varepsilon_i)}{2} - \sum_{\text{卸载}} \frac{(\sigma_i{}' + \sigma_{i+1}{}')(\varepsilon_{i+1}{}' - \varepsilon_i{}')}{2}$$

$$(4-2)$$

式中　U——总吸收应变能;

U^e——某一循环的弹性应变能;

U^d——某一循环的耗散能。

由图 4-8 可知,加载到一定应力水平后开始卸载时,卸载曲线与加载曲线并不重合,即卸载与加载具有不同的路径,其曲线低于加载曲线,这是因为在循环加卸载过程中存在能量的耗散。这一现象可以用热力学中的观点"能量的耗散是单向不可逆的,能量的释放是双向的且在一定条件下可逆[40]"来解释。

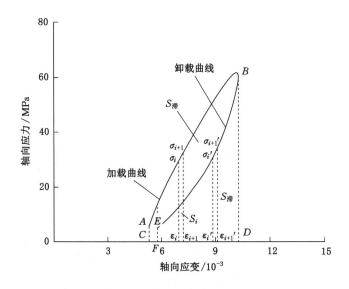

图 4-8　能量计算示意图

根据式(4-2),对试验中干燥和饱和试件的能量变化情况进行了统计。由于试验每次均卸载至 5 MPa,故轴压为 5 MPa 以下部分的面积不计入统计范围,结果见表 4-2 和表 4-3。

表 4-2　干燥试件循环加卸载试验的能量计算结果

试件编号	循环次数	总吸收应变能 U /μJ·mm^{-3}	弹性应变能 U^e /μJ·mm^{-3}	耗散能 U^d /μJ·mm^{-3}	上限应力 /MPa	U^e 所占的比例/%	U^d 所占的比例/%
A35	1	6.40	1.64	4.76	16.42	25.7	74.3
	2	15.56	6.63	8.93	26.38	42.6	57.4
	3	28.40	15.19	13.21	37.57	53.5	46.5
	4	47.63	29.09	18.54	51.42	61.1	38.9
	5	74.18	45.58	28.60	62.53	61.4	38.6
A53	1	6.85	1.56	5.29	15.59	22.8	77.2
	2	17.07	6.73	10.34	27.43	39.4	60.6
	3	31.82	16.05	15.77	38.93	50.4	49.6
	4	50.75	28.45	22.30	50.06	56.1	43.9
	5	78.96	47.31	31.65	60.90	59.9	40.1
	6	113.75	71.67	42.08	72.68	63.0	37.0

表 4-2(续)

试件编号	循环次数	总吸收应变能 U /μJ·mm^{-3}	弹性应变能 U^e /μJ·mm^{-3}	耗散能 U^d /μJ·mm^{-3}	上限应力 /MPa	U^e 所占的比例/%	U^d 所占的比例/%
A49	1	7.91	2.42	5.49	16.58	30.6	69.4
	2	16.57	7.53	9.04	27.41	45.4	54.6
	3	29.08	18.17	10.91	38.55	62.5	37.5
	4	55.46	31.03	24.43	50.27	56.0	44.0

表 4-3　饱和试件循环加卸载试验的能量计算结果

试件编号	循环次数	总吸收应变能 U /μJ·mm^{-3}	弹性应变能 U^e /μJ·mm^{-3}	耗散能 U^d /μJ·mm^{-3}	上限应力 /MPa	U^e 所占的比例/%	U^d 所占的比例/%
A17	1	5.50	2.63	2.87	14.43	47.8	52.2
	2	15.53	8.88	6.65	25.44	57.2	42.8
	3	30.06	17.02	13.04	36.00	56.6	43.4
	4	48.12	29.16	18.96	45.35	60.6	39.4
A42	1	5.97	3.06	2.91	15.12	51.3	48.7
	2	16.21	10.69	5.52	26.18	66.0	34.0
	3	36.07	23.59	12.48	39.05	65.4	34.6
A60	1	6.64	3.62	3.02	15.01	54.5	45.5
	2	18.96	12.36	6.60	27.01	65.2	34.8
	3	37.17	25.11	12.06	39.02	67.6	32.4

4.3.2　弹性应变能与耗散能的演化过程

根据表 4-2 和表 4-3 中的数据获得了随轴向应力增加干燥和饱和试件的总吸收应变能 U、弹性应变能 U^e 及耗散能 U^d 的变化情况,如图 4-9 中的(a)、(b)、(c)所示,同时还根据岩石的峰值强度进行了轴向应力归一化处理,如图 4-9 中的(d)、(e)、(f)所示。

由图 4-9(a)、图 4-9(b)、图 4-9(c)和表 4-2、表 4-3 可以看出,干燥和饱和试件的能量都呈非线性增长趋势。观察干燥和饱和试件的循环加卸载次数可以发现,饱和试件在浸水作用下强度有所减弱,试件破坏时其所经历的循环次数少于干燥试件。由图 4-9(a)可知,相同循环加卸载条件下饱和试件的 U 更高,如第 3 次循环时饱和试件 U 的平均值为 34.43 μJ·mm^{-3},较干燥试件 U 的平均值 29.77 μJ·mm^{-3} 高 15.65%。图 4-9(b)和图 4-9(c)中的 U^e 及 U^d 与 U 的变化趋势相同。由此可以得出在同一次序的加卸载循环中,饱和试件比干燥试件具有更高的 U 和 U^e 的结论,这与饱和试件具有较低的强度矛盾。对比轴向应力归一化处理后的图可以看出,干燥试件和饱和试件在相同的循环加卸载条件下是处于不同加载阶段的,如干燥试件 A35 第 2 次循环时的归一化轴向应力和饱和试件 A17 第 2 次循环时的归一化轴向应力的差距较大,这就意味着干燥试件 A35 的加

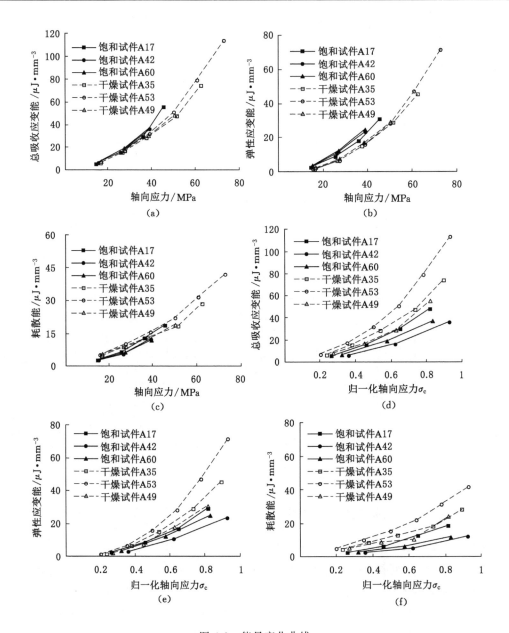

图 4-9　能量变化曲线

载过程刚进入弹性阶段,而饱和试件 A17 已经位于不稳定破裂发展阶段。因此,相同循环加卸载条件下的饱和试件和干燥试件能量对比并没有反映真实的能量变化过程,而轴向应力归一化后的分析结果较为可靠,即相同的加载阶段,饱和试件的总吸收应变能 U、弹性应变能 U^e 及耗散能 U^d 均小于干燥试件。

由图 4-9(b)和图 4-9(e)可知,干燥试件的曲线前期基本重合,后期略有不同。U^e 起初增长缓慢,相当于应力-应变曲线的压密阶段;经过第 2 次循环后 U^e 增速稳定加快,对应弹性阶段;第 4 次循环后曲线斜率进一步增大,对应不稳定破裂发展阶段;当到达应力峰值前

的那一个循环时 U^e 达到最大。由于循环次数少,饱和试件的 U^e 在第 2 次循环之前增速较慢,对应压密阶段;经过第 2 次循环后增速加快,进入弹性阶段和不稳定破裂发展阶段,可见饱和试件的 U^e 快速增长阶段在整个 U^e 的变化过程中所占的比例大于干燥试件。图 4-9(e)中的曲线也符合这一变化趋势。

由图 4-9(c)与图 4-9(f)可知,与弹性应变能 U^e 的变化曲线相比,耗散能 U^d 的变化曲线显得较为分散。干燥试件在第 2 次循环加卸载前的 U^d 水平接近,平均值为 9.44 $\mu J \cdot mm^{-3}$,之后的循环中 U^d 都有增加,且越接近试件破坏,U^d 越离散,增长速度越快。以试件 A35 和 A53 为例,第 5 次循环时的 U^d 分别为 28.60 $\mu J \cdot mm^{-3}$ 和 31.65 $\mu J \cdot mm^{-3}$,比第 4 次循环时的 U^d 分别高出 54.26% 和 41.93%,该现象表明,试件在破坏之前内部裂纹已进入不稳定破裂发展阶段,即将贯通破坏,因此需要更多的耗散能。对于饱和试件,虽然经历的循环次数仅有 3～4 次,但其表现出来的增长规律与干燥试件相同,考虑含水的原因,其内部裂隙贯通破坏所需要的能量低于干燥试件。

4.3.3　弹性应变能与耗散能所占比例的变化规律

图 4-10(a)所示为加载过程中,弹性应变能 U^e 所占比例随轴向应力增加的变化情况,数据见表 4-3。图 4-10(b)所示是轴向应力归一化后的 U^e 所占比例的变化情况。耗散能 U^d 所占比例的变化情况与 U^e 相反,篇幅所限不再对其单独绘图。由图 4-10 可以看出,干燥和饱和试件的 U^e 所占比例随轴向应力增加呈非线性变化趋势。

由图 4-10(b)可以看出,进入弹性变形阶段后,干燥试件 U^e 所占比例出现较快的增长速度,在 0.2～0.4σ_c 这一阶段,其增幅达 95%;当加载达到 0.4σ_c 后试件进入稳定破裂发展阶段,U^e 所占比例的增速开始放缓,且增幅较前一阶段有所降低,干燥试件由于加载时间较长因而变化趋势明显;0.6～0.8σ_c 大致为不稳定破裂发展阶段,干燥试件 U^e 所占比例的增速进一步降低,临近试件破坏时 U^e 所占比例已经出现下降。对于饱和试件,其循环加卸载的次数低于干燥试件,0.3～0.6σ_c 大致为弹性变形阶段,U^e 所占比例涨幅较大;随后进入稳定破裂发展阶段 U^e 所占比例增速降低或出现所占比例下降的现象,临近试件破坏时 U^e 所占比例又出现了较小的上升。

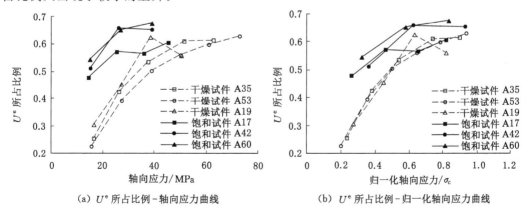

(a) U^e 所占比例–轴向应力曲线　　　　　(b) U^e 所占比例–归一化轴向应力曲线

图 4-10　U^e 所占比例随轴向应力增加的变化情况

表 4-4 列出了各试件 U^e 所占比例的变化趋势。由表 4-4 可以看出,干燥和饱和试件表现出大致相同的变化趋势,但具体到单个试件,尤其是在破坏前这一阶段,U^e 所占比例表现出一定的分化。推测这是因为在漫长的地质成岩过程中,砂岩试件内部的颗粒、基质和胶结物,以及原生裂隙、孔洞等分布并不均匀,不同试件在受压过程中的原有裂纹的闭合、新裂纹的萌生以及扩展贯通的细观形式也有一定区别,加之饱和试件内部增加了水的作用,因此不同试件中 U^e 所占比例的变化趋势会在后期出现差异。

表 4-4 各试件 U^e 所占比例的变化趋势

试件编号		变化阶段			总体变化趋势
		弹性-稳定破裂发展	稳定-不稳定破裂发展	破坏前	
干燥试件	A35	快速↗	缓慢↗	小幅↘	快速↗-缓慢↗-小幅↘
	A53	快速↗	缓慢↗	稳定	
	A49	快速↗	快速↗	小幅↘	
饱和试件	A17	缓慢↗	小幅↘	小幅↘	缓慢↗-小幅↗
	A42	缓慢↗	小幅↘		
	A60	缓慢↗	小幅↗		

对于干燥试件,加载初期 U^e 所占比例较低,大部分吸收的能量都转化为 U^d,这说明微裂纹的闭合以及颗粒间的摩擦滑移消耗的能量较多;随后试件进入弹性和稳定破裂发展阶段,岩石内部大部分微裂隙已闭合,同时伴随着新微裂纹的萌生,U^e 和 U^d 所占比例逐渐持平,但依旧会耗散少量的能量;临近破坏时,试件内部 U^e 和 U^d 所占比例的变化趋于稳定,U^d 所占比例甚至有小幅增加,这说明即将发生裂纹的扩展和贯通,导致 U^d 所占比例的增加。

而饱和试件在加载初期的 U^e 所占比例大幅高于干燥试件,随着加载的继续,饱和试件 U^e 所占比例与干燥试件 U^e 所占比例逐步接近,在破坏前这一阶段二者趋近相等,个别饱和试件如 A17 的 U^e 所占比例甚至低于干燥试件。上述变化说明:在加载初期,经过浸水作用后的饱和试件内的原生裂隙、孔隙被水充满,在加载过程中,裂隙、孔隙会产生孔隙水压力,导致裂隙不易闭合,同时颗粒间摩擦力减弱造成摩擦能耗降低,因此饱和试件中的 U^e 所占比例更高;进一步增加轴向荷载后,饱和试件内部的孔隙水压力随之增大,导致试件内部微裂纹附近应力集中,这有利于新裂纹的萌生和迅速扩展,因此饱和试件中的 U^e 所占比例下降而耗散能 U^d 所占比例逐渐增高。

4.3.4 能量演化规律

目前对于循环加卸载条件下干燥和饱和岩石的能量变化机制的研究还比较鲜见,但有学者就单轴压缩条件下干燥和饱和岩溶灰岩的能量演化规律开展了研究,郭佳奇等[226]认为峰值强度时饱和岩溶灰岩因含水量增大,其中的可释放应变能(弹性应变能 U^e)占总吸收应变能的比例有所降低,这一观点似乎与图 4-9 中的结果矛盾,但该文献研究的是峰值强度下的能量分配。为了厘清循环加卸载过程中和峰值强度时的能量分配,根据该文献的计算方法,对干燥和饱和砂岩单轴循环加卸载时的应力-应变曲线进行简化,由每个加卸载循环峰值点构成的包络线来代替,并计算其峰值强度时的能量,同时与文献[226]的数据进行对比,结果见表 4-5。

表 4-5　本小节与文献[226]中的试件峰值强度时的能量对比

本小节中的试件编号		总吸收应变能 U /$\mu J \cdot mm^{-3}$	弹性应变能 U^e /$\mu J \cdot mm^{-3}$	耗散能 U^d /$\mu J \cdot mm^{-3}$	U^e 所占比例	均值/%
干燥试件	A35	147.95	124.22	25.35	83.96	
	A53	187.33	121.48	65.85	64.85	73.14
	A49	94.43	66.68	32.60	70.61	
饱和试件	A17	99.64	75.84	23.80	76.11	
	A42	52.11	32.62	19.49	62.60	70.99
	A60	74.19	55.09	19.10	74.26	
文献[226]中的试件编号		总吸收应变能 U /$\mu J \cdot mm^{-3}$	弹性应变能 U^e /$\mu J \cdot mm^{-3}$	耗散能 U^d /$\mu J \cdot mm^{-3}$	U^e 所占比例	均值/%
干燥试件	A1	168.89	141.67	27.22	83.88	
	A2	141.62	125.85	15.77	88.86	83.54
	A3	98.25	76.53	21.72	77.89	
饱和试件	B1	104.95	89.22	15.73	85.01	
	B2	85.72	77.00	8.72	89.82	80.27
	B3	97.36	64.25	33.11	65.99	

　　由表 4-5 可知,峰值强度时干燥试件弹性应变能 U^e 所占比例均值大于饱和试件,与文献[226]的结果相同,且两组试验数据之间的差距也很接近。虽然采用简化后的应力-应变曲线计算峰值强度时的能量有一些误差,但基本能够反映干燥和饱和试件能量的比例,通过对比验证,说明本小节的试验结果是可靠的,同时也说明,在单轴压缩和单轴循环加卸载这两种不同的工况下,能量分配情况是有差别的。一方面,在能量的计算方法上,单轴压缩和循环加卸载条件具有差别;另一方面,对于单轴循环加卸载过程中的能量计算来说,其具有更多的影响因素,如加载和卸载过程中原有裂纹的不断压密和新裂纹的产生与共存,浸水试件在水岩作用下具有更为复杂的裂纹闭合、萌生扩展机制等,因此,单轴循环加卸载过程中的能量演化规律仍需要开展进一步研究。

第5章 基于声发射的弱胶结砂岩破裂机制

5.1 引言

固体介质在受力变形、破裂时,微裂纹在形成过程中动态地发射出声波或超声波的现象被称为声发射(acoustic emission,AE),该现象与岩石的变形损伤过程有密切联系[227]。通过开展岩石受载过程中的声发射信号检测并对其进行分析研究,能够揭示岩石内部微裂隙的萌生、扩展和断裂的演化规律。事实上,岩石的力学特性会受到诸多因素的影响,从而会导致试验结果存在误差和不确定性,而辅以声发射手段能够在常规力学试验开展的同时获取岩石的声发射特征信号,作为有效的研究补充。同时,利用声发射手段能够更加有效地动态分析岩石内部裂纹的萌生演化过程,为岩石破裂失稳研究提供更准确的预测数据。

本章拟以小纪汗煤矿弱胶结砂岩为研究对象,进行单轴压缩、循环荷载声发射试验,同时在考虑层理倾角影响的前提下分析声发射特征和声发射事件的空间演化规律,研究弱胶结砂岩的破裂机制。

5.2 声发射检测原理及检测系统

5.2.1 声发射检测原理

声发射技术包括信号源产生、弹性波传播、信号转换、数据显示与采集、AE信号处理及分析等内容。对于岩石类材料,荷载的作用使得岩石内部发生应力集中或者应力卸载,从而导致裂纹萌生及扩展,形成声发射事件发生源头并产生不同频率的弹性波,声发射产生机理如图5-1所示。由于岩石本身也是波的传播介质,因此声发射弹性波会在岩石内向周边传播并发生反射、折射和衰减。

单轴压缩条件下岩石的宏观破坏形式主要有单斜面剪切破坏、拉伸破坏和X状共轭剪切破坏。岩石微观破裂的形式主要有裂纹扩展、晶粒滑移(位错)和撕裂[228](图5-2)。声发射信号的产生主要与岩石变形及其内部微裂纹的扩展和岩石受载状况有关,同时也与岩石在受载过程中不同变形阶段的特征有关。当岩石处于压密阶段时,原生的微裂隙和孔洞被压密,此时会产生声发射信号;进入弹性阶段后,岩石仅发生弹性变形,故产生的声发射信号较少;进入稳定破裂发展阶段后,岩石受荷载后应力集中增大,新的裂纹萌生、扩展,声发射

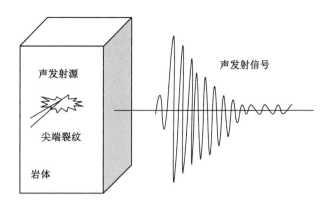

图 5-1　声发射产生机理

信号增加；岩石失稳破坏前声发射信号达到最大。从岩石细观结构角度来看，当岩石中某些晶体所受荷载超过一定值后，位错源（晶体在塑性变形时位错增殖的地方）产生，并且会在剪应力分量较大的位移面上滑移，一个晶粒屈服可以产生一个声发射事件。

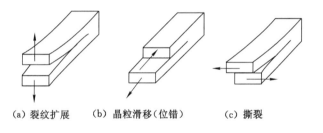

（a）裂纹扩展　　（b）晶粒滑移（位错）　　（c）撕裂

图 5-2　岩石微观破坏形式

　　声发射产生的波形文件含有大量波源信息，由于弹性波是在岩石介质内部扩散传播的，按照质点的振动方向和传播方向的差异，声发射信号主要分为纵波、横波两类。因纵波的传播速度比横波快，总是最先到达传感器，因此纵波又称为初至波（primary wave），简称 P 波；横波又称为续至波（secondary wave），简称 S 波。另外，声发射信号到达岩石表面后会发生折射，一部分声发射信号返回岩石内部而另一部分到达岩石表面，形成表面波（R 波）并传入传感器。所以，传感器获取的声发射信号是多种波相互干涉后形成的混合信号。图 5-3 为纵波、横波及表面波的传播次序，由图 5-3 可以看出三种波到达传感器的先后顺序。

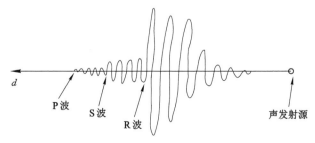

图 5-3　纵波、横波及表面波的传播次序[229]

5.2.2 声发射检测系统

声发射检测系统采用美国物理声学公司（PAC）生产的 PCI-2 型声发射检测系统，该系统采用 18 位 A/D 转换（模数转换）技术，可以实时采集声发射产生的瞬态波形，并具有全波形采集处理和实时声发射定位功能。声发射检测系统见图 5-4。

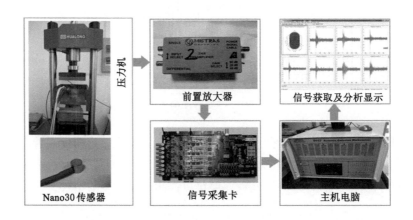

图 5-4　声发射检测系统

声发射检测系统主机设备的主要参数如下。

① 信噪比（SNR）：4.5；响应频率范围：1 kHz～3 MHz；通道数目：8 个。

② 软件功能：多通道下的显示、采集、存储、重放；实时同步 14 个撞击参数、6 个频域参数和 8 个外参数以及参数特征的抽取；门槛设置；采样率设置；实时波形采集与分析。

③ FFT（快速傅里叶转换）频谱分析的功用：声发射撞击与定位事件的圈选与参数及波形显示链接；测试探头耦合状态的自动标定。

④ 时间参数：声发射检测系统具有设置峰值定义时间（PDT）、撞击定义时间（HDT）及撞击闭锁时间（HLT）的功能。

⑤ 软件图形功能：声发射检测系统可显示二维或三维图形坐标，以及点图、线图和直方图。

声发射检测系统的外围设备主要有 Nano30 型传感器和 2/4/6 型前置放大器。

① Nano30 型传感器可使细小振动信号通过传感器产生的变形转化成电压信号，并被记录下来，其响应频率范围为 125～750 kHz。

② 前置放大器的增益为 20 dB、40 dB 或 60 dB，并具有高通滤波功能，宽带范围可调。

5.3　单轴压缩条件下的弱胶结砂岩声发射试验

5.3.1　试验试件及方案

　　试验试件为侏罗系延安组粗砂岩和中砂岩。试验采用 TAW-3000 型微机控制电液伺服岩石三轴压力试验机和 PCI-2 型声发射检测系统,加载速率为 10 kN/min,试验过程中保持加载系统、声发射检测系统和数据采集系统同步运行。试验采用 8 个 Nano30 传感器进行声发射信号的采集,将声发射探头的工作频率设为 125~750 kHz,每个传感器均配置一个型号为 2/4/6 的前置放大器。试验过程中采用橡胶带将传感器均匀地固定在试件的四周,传感器距试件的上下端面均为 20 mm。为保证声发射信号能被传感器完全接收,在试件与传感器的接触部位涂抹黄油进行耦合。为降低端部噪声对声发射试验结果的影响,在压力机压头和试件之间的位置用涂有黄油的滤纸片隔开。试验中,将声发射测试分析系统的门槛值设为 45 dB,采样频率设为 1 MHz。试验系统见图 5-5。

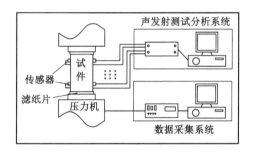

图 5-5　试验系统

5.3.2　弱胶结砂岩声发射特征

　　采用 AE 振铃率、AE 振铃累计数等参数,分析单轴压缩条件下弱胶结砂岩破坏过程中的 AE 特征。对 AE 振铃率-应力-应变曲线、AE 振铃累计数-应力-应变曲线的特性进行分析后,本小节将声发射特征曲线分为以下两种类型。

5.3.2.1　崩裂型

　　本次试验中,出现崩裂型声发射特征曲线的主要是中砂岩,其单轴抗压强度达 60 MPa 左右。以试件 D-1 为例说明崩裂型声发射特征曲线的特点,图 5-6 和图 5-7 所示分别为试件 D-1 的 AE 振铃率-应力-应变曲线和 AE 振铃累计数-应力-应变曲线示意图。

　　(1) 轴向应力小于 8 MPa 时属于压密阶段,该阶段产生了一定数量的声发射活动,最大 AE 振铃率达 934 次/s,这说明在压密阶段弱胶结砂岩中原有的张开性结构面或微裂隙逐渐闭合的同时,由于岩石中的胶结颗粒存在棱角以及片状结构,加之胶结物强度较小,应力会使岩石中的部分区域产生微破裂和变形。在 AE 振铃累计数-应力-应变曲线(崩裂型)

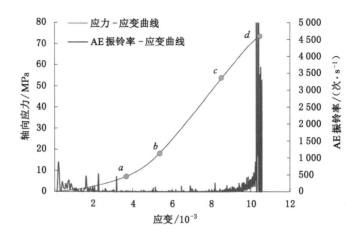

图 5-6　AE 振铃率-应力-应变曲线示意图（崩裂型）

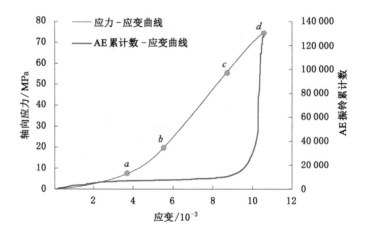

图 5-7　AE 振铃累计数-应力-应变曲线示意图（崩裂型）

中,振铃数量呈低位徘徊,说明虽然有个别时刻 AE 振铃率超过 900 次/s,但压密阶段主要以原始裂隙闭合为主,产生的新的微裂隙较少,因此 AE 振铃累计数并不高。

（2）轴向应力为 8～20 MPa 时属于弹性阶段,该阶段只有少量的声发射活动,虽然试件受压力作用,但未能产生更大的新裂纹,应力与应变基本保持线性关系。随后轴向应力提升至 20～50 MPa,在应力作用下试件逐步产生部分微裂隙,这一阶段的声发射活动比弹性阶段有所增加,但是 AE 振铃率比压密阶段低。从 AE 振铃累计数-应力-应变曲线（崩裂型）可以看出,该阶段 AE 振铃累计数的变化趋势基本上为水平直线-增长幅度非常有限,这说明弹性阶段以及微裂隙产生阶段的 AE 振铃数量很少。

（3）轴向应力超过 50 MPa 后,试件进入屈服阶段,AE 振铃率呈阶梯式增大趋势,这是由于随轴向应力增加变形逐步增加,产生的裂隙越来越多,从而导致声发射活动数量增加。在图 5-7 中,当应变达到 $9 \times 10^{-3} \sim 10 \times 10^{-3}$ 时曲线出现明显的向上弯曲,发生较大角度的改变,AE 振铃累计数不断增加,这说明试件即将从屈服阶段转入破坏阶段。

(4) 轴向应力增加至 70 MPa 后,试件进入破坏阶段,AE 振铃率瞬间增大,由 1 200 次/s 左右瞬间增加至 5 000 次/s 以上,声发射活动异常活跃,这说明裂纹之间开始相互作用,并发生聚合贯通,从而形成破裂面导致试件破坏。达到峰值强度后,AE 振铃率并没有立即消失,而是下降至峰值的 2/3 处,此时虽然有效承载面积减小,但试件内部沿已有的宏观破裂面会产生摩擦滑动,故会产生一定数量的声发射活动。在图 5-7 中,当应变超过 10×10^{-3} 时,AE 振铃累计数曲线突然向上抬升,近乎形成一条接近 90° 的直线,这说明试件破坏前声发射活动数量激增。

5.3.2.2　破裂型

本次试验中,出现破裂型声发射特征曲线的主要是粗砂岩,其单轴抗压强度均低于 50 MPa。以试件 I-2 为例说明破裂型声发射特征曲线的特点,图 5-8 和图 5-9 分别为试件 I-2 的 AE 振铃率-应力-应变曲线和 AE 振铃累计数-应力-应变曲线示意图。

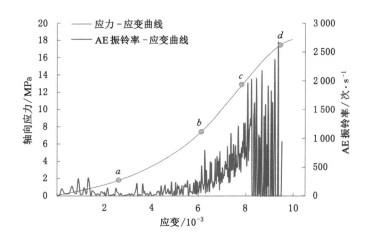

图 5-8　AE 振铃率-应力-应变曲线示意图(破裂型)

(1) 在压密阶段,即轴向应力小于 2 MPa 之前,产生了少量的声发射活动,最大 AE 振铃率约为 296 次/s,这种现象的发生原因和崩裂型试件的相同。在图 5-9 中,这一阶段的 AE 振铃累计数呈低水平的上升趋势,声发射活动数量总体较少。

(2) 轴向应力为 $2 \sim 7$ MPa 时属于为弹性阶段,从该阶段的 AE 振铃率-应力-应变曲线可以看出,相较于压密阶段,AE 振铃率有所降低,峰值基本维持在 $220 \sim 250$ 次/s,弹性阶段后半段稍高频率的声发射活动更加密集。这种现象可能是试件内部的弱胶结构造成的。轴向应力 $7 \sim 13$ MPa 时试件进入稳定破裂发展阶段,由图 5-8 可以看出,这一阶段声发射活动呈阶跃性增长趋势,且声发射活动一直持续,AE 振铃率最高达 1 250 次/s,明显高于崩裂型试件对应阶段的 AE 振铃率。从 AE 振铃累计数来看,弹性阶段时的曲线上升平缓,当进入稳定破裂发展阶段后曲线突然上扬,表明裂隙发展的速度正在加快。

(3) 轴向应力增加至 13 MPa 后,试件进入屈服阶段。与崩裂型试件相比,破裂型试件

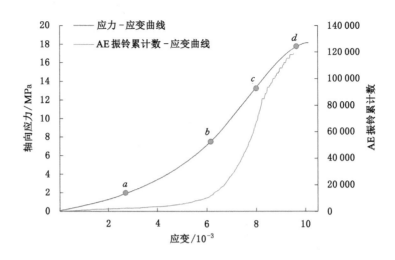

图 5-9　AE 振铃累计数-应力-应变曲线示意图（破裂型）

的屈服阶段持续时间较长，AE 振铃率曲线总体呈快速阶梯式增长趋势，但是 AE 振铃率并不是持续递增的，其间有部分振铃率低于 1 000 次/s。从图 5-6 和图 5-8 中的坐标横轴（应变）方向来看，崩裂型试件破坏前，高频率的 AE 振铃率更为集中，而破裂型试件则相对分散。据此推测，在破裂型试件中，其颗粒之间的胶结强度较低，在受压过程中应变能是逐步释放的，而崩裂型试件的胶结强度较高，受压过程中应变能是集中释放的，因而造成两者的 AE 振铃率曲线在试件破坏前这一阶段存在差异。AE 振铃累计数曲线进入屈服阶段后，向上升高的斜率放缓，并不再是光滑曲线，由于声发射活动在该阶段的跳跃性，曲线上会形成一些蜿蜒的褶皱。

（4）当轴向应力大于 18 MPa 时，试件进入破坏阶段。从 AE 振铃率来看，试件破坏前 AE 振铃率从峰值 2 700 次/s 陡然下降至不足 1 000 次/s，而后在试件破坏前没有再发生声发射活动；从 AE 振铃累计数来看，在达到峰值强度前，声发射活动相对平静。崩裂型试件的 AE 振铃累计数曲线则无此特点。这一现象和尹贤刚等[230]和孙强等[231]的观点类似，即塑性变形明显的岩石会在破坏前存在一个声发射活动平静期，塑性变形不明显的岩石则较少出现这种情况。

5.3.3　弱胶结砂岩声发射事件空间演化规律

图 5-10 为试件 D-1 的 AE 事件不同应力阶段的空间演化规律，其中，小球代表 AE 事件的定位点，小球的大小代表能量的大小。根据加载阶段应力水平的不同，将声发射定位事件的空间累计分布分为以下 4 个阶段：① 压密阶段，应力为 $0.1\sigma_c$，该阶段的 AE 事件有 26 个，集中在试件下部，应力水平低时该区域会产生集中应力；② 弹性阶段，应力为 $0.25\sigma_c$，AE 事件数量增加至 47 个，呈低速增长的趋势；③ 稳定破裂发展阶段，随着应力上升至 $0.75\sigma_c$，AE 事件数量继续增加至 103 个；④ 屈服阶段，AE 事件数量迅速增加，应力峰值时达 987 个，且单个 AE 事件能量急剧增大。AE 事件不同应力阶段的空间演化规律（崩裂型）与声

发射特征曲线(崩裂型)所揭示的声发射活动的发展规律吻合。

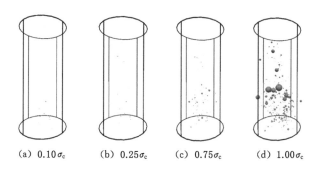

(a) 0.10σ_c　　(b) 0.25σ_c　　(c) 0.75σ_c　　(d) 1.00σ_c

图 5-10　AE 事件不同应力阶段的空间演化规律(崩裂型)

图 5-11 为试件 I-2 的 AE 事件不同应力阶段的空间演化规律。I-2 试件在压密阶段(应力为 0.10σ_c)和弹性阶段(应力为 0.40σ_c)的 AE 事件数量分别为 10 个和 49 个。进入稳定破裂发展阶段后,I-2 试件 AE 事件数量的增长幅度加快,为 394 个。进入屈服阶段后,AE 事件的数量进一步增加,试件破坏时 AE 事件数量达 1 017 个。AE 事件不同应力阶段的空间演化规律(破裂型)和声发射特征曲线(破裂型)所揭示的声发射活动的发展规律吻合。

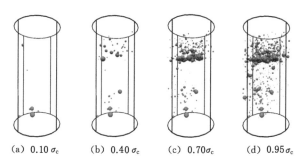

(a) 0.10σ_c　　(b) 0.40σ_c　　(c) 0.70σ_c　　(d) 0.95σ_c

图 5-11　AE 事件不同应力阶段的空间演化规律(破裂型)

对参与试验的 6 个试件单轴压缩后的破坏形式进行统计:单斜面剪切破坏 4 个,X 状共轭剪切破坏 2 个,无拉伸破坏。为进一步分析造成不同破坏形式的原因,对试件岩性、单轴抗压强度、声发射曲线类型、破坏形式等内容进行统计,结果见表 5-1。

表 5-1　试验结果统计

试件编号	岩性	单轴抗压强度/MPa	声发射曲线类型	破坏形式
I-1	粗砂岩	48.75	破裂型	单斜面剪切破坏
I-2	粗砂岩	18.15	破裂型	X 状共轭剪切破坏
I-3	粗砂岩	22.17	破裂型	X 状共轭剪切破坏
D-1	中砂岩	74.34	崩裂型	单斜面剪切破坏
D-2	中砂岩	62.30	崩裂型	单斜面剪切破坏
D-3	中砂岩	51.02	崩裂型	单斜面剪切破坏

由表 5-1 可知,粗砂岩的单轴抗压强度较小,均值为 29.69 MPa,中砂岩的单轴抗压强度较高,均值为 62.55 MPa。根据前文分析,中砂岩的声发射特征曲线均为崩裂型,粗砂岩的声发射特征曲线均为破裂型。与之相对应,崩裂型声发射特征曲线的 3 个中砂岩试件的破坏形式均为单斜面剪切破坏,破裂型声发射特征曲线的 3 个粗砂岩试件中,其中有 2 个为 X 状共轭剪切破坏,单轴抗压强度较大的试件 I-1 为单斜面剪切破坏,其单轴抗压强度为 48.75 MPa。

根据上述关系,可以推断弱胶结砂岩破坏形式的规律:① 破坏形式为单斜面剪切的试件,其单轴抗压强度较高,破坏过程中声发射特征曲线为崩裂型,当单轴抗压强度达到峰值时,试件会短时间内发生劈裂,形成单一的破裂面,个别试件侧翼有拉张裂纹;② 破坏形式为 X 状共轭剪切破坏的试件,其单轴抗压强度较低,在破坏过程中,试件进入屈服阶段后开始逐渐形成较大裂缝,并且试件端部会引起锥体发育,当单轴抗压强度达到峰值时试件会发生破裂,形成 X 状破裂面和锥体破裂块。

5.4 含层理倾角的弱胶结砂岩声发射试验

层状岩石是一类比较特殊的岩石,部分沉积岩和变质岩都存在明显的层理结构,这是由间断性沉积过程造成的。相对于岩石基质,层理可以看作弱面,其在一定程度上影响着岩石的力学特性,同时也是工程岩体失稳的控制面,所以对层状岩石进行相关力学特性的试验研究具有重要的理论和实际应用价值。取自小纪汗煤矿的砂岩,其中有部分岩石存在较为明显的层理,本节拟针对这部分岩石开展单轴压缩声发射试验,以深入了解弱胶结砂岩在层理效应下的声发射特征和能量变化情况、声发射事件的空间演化规律、b 值的变化特征,进一步揭示层状弱胶结砂岩的破裂机制。

5.4.1 试验所用试件及方案

试验所用试件为含层理倾角的弱胶结中砂岩,选择无明显缺陷的大块岩石进行加工,调整取芯钻机的角度,按照层理方向分别与轴向成 0°、45° 和 90° 的夹角钻取岩芯,再经过切割和打磨工序,按照 ISRM(国际岩石力学学会)建议的方法将其加工成 $\phi 50 \text{ mm} \times 100 \text{ mm}$ 的圆柱体试件,试件表面有肉眼可见的层理,见图 5-12。试验设备及试验方案与前述单轴压缩试验相同,此处不再赘述。

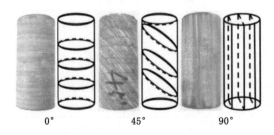

图 5-12 含层理倾角的岩石试件

　　分别对层理倾角为 0°、45° 和 90° 的试件进行单轴压缩试验,表 5-2 列出了试验所用试件的物理力学参数,其中,不同倾角试件的物理性质如密度、波速等没有太大区别,但是平均单轴抗压强度随层理倾角变化分别为 68.14 MPa、40.14 MPa 和 59.52 MPa。

表 5-2　试件的物理力学参数

试件编号	层理倾角	尺寸/mm×mm	质量/g	密度/g·cm^{-3}	波速/m·s^{-1}	单轴抗压强度/MPa	平均单轴抗压强度/MPa
0002		$\phi48.86\times100.04$	428.74	2.38	2 888.34	68.71	
0004		$\phi48.65\times99.95$	430.88	2.42	2 947.02	62.53	68.14
0005		$\phi48.26\times100.03$	427.32	2.43	2 933.87	73.18	
4501		$\phi48.91\times100.12$	432.34	2.40	3 078.52	38.53	
4503		$\phi48.59\times100.32$	427.96	2.40	3 054.34	41.77	40.14
4504		$\phi48.63\times100.10$	428.14	2.40	3 028.47	40.12	
9002		$\phi48.48\times100.06$	432.10	2.44	2 958.62	60.35	
9003		$\phi48.76\times100.07$	418.52	2.33	2 865.01	59.58	59.52
9005		$\phi48.83\times100.09$	429.27	2.39	2 947.68	58.64	

5.4.2　声发射特征

　　由于篇幅限制,每个层理倾角各选择 1 个典型试件进行分析说明,编号分别是 0-3(层理倾角为 0°)、45-12(层理倾角为 45°)、90-5(层理倾角为 90°)。图 5-13 所示是不同层理倾角试件的振铃率-应变曲线、振铃累计数-应变曲线以及应力-应变曲线示意图,为清晰反映声发射振铃率、振铃累计数等情况,图 5-13 中纵轴的单位未进行归一化处理。

　　由振铃累计数-应变曲线(图 5-13)可以看出,当层理倾角为 0° 时,即层理方向与轴向方向垂直时,振铃累计数为 1.7×10^{6} 次;当层理倾角为 45° 时,层理方向与轴向方向斜交,振铃累计数为 7.0×10^{5} 次;当层理倾角为 90° 时,即层理方向与轴向方向平行时,振铃累计数仅为 2.2×10^{5} 次。由此可以看出,随着层理倾角的增加,AE 事件整体活动水平不断降低且降幅较大,层理倾角为 90° 时的振铃累计数仅为层理倾角为 0° 时的 13.1%,其余试件的试验结果也呈现相同的趋势,见表 5-3。

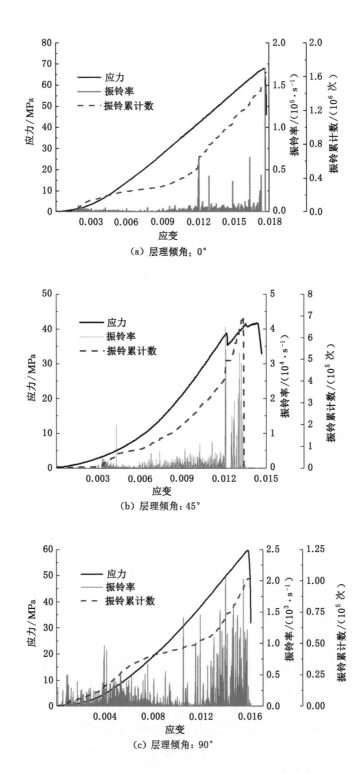

图 5-13　不同层理倾角试件的振铃率-应变曲线、振铃累计数-应变曲线、应力-应变曲线示意图

表 5-3 振铃累计数与能量累计数

编号	层理倾角	振铃累计数/(10^5 次)	能量累计数/(10^{-13} J)
0-1		16.3	3.82
0-3		17.0	4.03
0-7		13.8	3.44
45-12		7.0	1.54
45-17		4.6	0.91
45-20		6.8	1.32
90-1		1.8	0.33
90-5		2.2	0.21
90-7		2.5	0.59

当层理倾角为 0°时,层理面之间容易产生应力集中,原生裂纹不断被压密且不断有新的裂纹萌生,声发射活动频繁,因此振铃累计数最多;当层理倾角为 45°时,试件更容易沿着层理面产生新的裂纹,但在相同应力条件下,AE 活动水平较层理倾角为 0°时低,振铃累计数也低;当层理倾角为 90°时,即层理方向与轴向方向平行时,层理面的存在使岩石拉压比减小,试件容易在张拉作用下产生沿层理面的裂纹,水平方向上的压密现象基本消失,AE 活动平缓,因此振铃累计数最少。

从振铃率-应变曲线(图 5-13)来看,在有 AE 事件产生的阶段,去掉个别极大的 AE 振铃率,3 种层理倾角下的振铃率均值为:1 160 次/s(层理倾角为 0°)、766 次/s(层理倾角为 45°)、206 次/s(层理倾角为 90°)。由此可以看出,层理方向与轴向方向垂直时单位时间内的振铃数最大,AE 活动的剧烈程度最高,层理方向与轴向方向平行时则最低。

当层理倾角为 0°时,在应力作用下,水平层理面间产生应力集中区域,导致原有裂隙闭合和大量新裂隙产生、发展并最终贯通,贯通时的振铃率陡增,AE 振铃率突然升高;当层理倾角为 45°时,试件在压应力作用下产生新裂纹并在剪切力作用下沿层理面产生摩擦滑动,其间振铃率缓慢增加,并在试件破坏前达到峰值,其 AE 活动的强度介于 0°和 90°这两种情况之间;当层理方向与轴向方向平行时,竖直层理面相当于沿轴向存在的弱面,前期轴向应力产生的张拉作用能够轻易地将其拉裂,但岩石仍有一定的轴向承载力,后期会在剪切力的作用下产生破坏,因此整个过程中振铃率都比较低。

5.4.3 声发射能量特征

图 5-14 所示是不同层理倾角试件的能率-应变曲线、能量-应变曲线以及应力-应变曲线示意图。层理倾角为 0°时,AE 总能量为 4.03×10^{-13} J,层理倾角为 45°时,AE 总能量为 1.54×10^{-13} J,

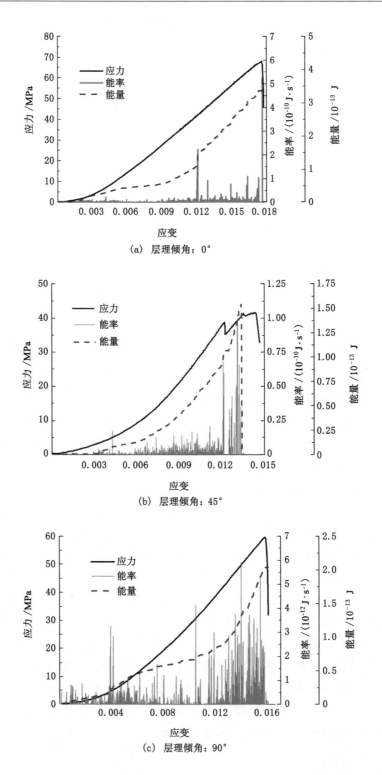

图 5-14 不同层理倾角试件的能率-应变曲线、能量-应变曲线、应力-应变曲线示意图

层理倾角为 90°时,AE 总能量为 2.10×10^{-14} J,这说明当层理方向与轴向方向垂直时,试件在受载过程中,裂纹压密、萌生、扩展和贯通所释放出来的能量最大,随着层理倾角的增加,能量逐渐降低。能量的变化趋势验证了层理倾角为 0°时弱胶结砂岩的 AE 活动水平更高这一结论。

从图 5-14 中不同层理倾角试件的能率-应变曲线可以看出,层理倾角为 0°时,能率激增的次数较少,分别在应变为 0.012 和试件破坏时出现,但在较高的应力下,能量在短时间内剧烈释放,这是因为水平层理试件能够承受更大的荷载,要使层理面间的裂隙扩展、贯通需要更多的能量;层理倾角为 45°时,由于受压剪作用,沿层理面滑动破坏需要的能量低于层理倾角为 0°时所需的能量,所以破坏前的能率激增较为分散且幅度不大,能率高值集中在临近试件破坏阶段;层理倾角为 90°时,能率高值分散于变形的全过程且幅值较低,后期较前期集中,这是因为轴向与层理同向,岩石内部没有贯通的部分,可承受的荷载低,在能量尚未聚集到较高值时裂纹已经开始扩展、贯通并释放能量,此过程一直重复直至试件破坏,其间每一个裂纹扩展、贯通对应一个能量高值。

5.4.4　不同层理倾角试件声发射事件的空间演化规律

AE 定位能够从空间上再现岩石受压过程中的内部破坏过程,因此,研究 AE 事件的空间演化规律对于表征岩石内部破坏区和损伤点具有重要意义。图 5-15 为 3 种层理倾角试件破坏过程中 AE 事件的空间演化规律。从这 3 种不同层理倾角试件内的 AE 数量来看,0°时的 AE 事件数量最多,为 1 646 个;45°时的 AE 事件数量为 1 339 个;90°时的数量最少,仅有 560 个。这一现象和前文中讨论的振铃累计数、能量的变化趋势吻合,即当层理方向与轴向方向垂直时,AE 活动更剧烈。

图 5-15(a)中的 AE 事件基本沿水平方向分布,这种现象和层理倾角具有明显的相关性。在 0.6σ 以前,AE 事件呈缓慢增长态势,小球多为蓝色,表示小震级事件;到达 0.7σ 时,试件上部的 AE 事件突然增加至 691 个,新增小球为黄绿色,此时震级增大;当达到 0.9σ 时,试件下部的 AE 事件数量陡增,峰值应力时 AE 事件数量是 0.9σ 时的 1.3 倍,新增小球多为绿色和红色,此时震级更大。这说明层理倾角为 0°的试件临近破坏前 AE 事件数量骤增,大量能量突然释放。这是因为,试件受压过程中应力不断沿层理面集中,首先在中部产生裂纹并有序发展形成 AE 事件簇,随着应力增加,裂纹开始向上部和下部扩展,并在上、下部分别形成 AE 事件簇,AE 事件震级也逐渐加大,最终试件下部突发大震级的 AE 事件,裂纹迅速向上贯通,试件破坏。

图 5-15(b)中的 AE 事件基本沿层理倾角(45°)分布。AE 事件首先在中部发生并形成事件簇,0.4σ 时开始向左下方发展,0.9σ 时沿层理面形成 AE 事件带,此时的 AE 事件数量为 763 个;峰值应力时,AE 事件数量陡增至 1 300 个以上,同时能够看到新增的小球中包括许多较高震级的黄绿色、红色小球,这说明临近峰值应力时所产生的 AE 事件数量和能量在整个过程中占据较大比例,最终裂纹由中部向左下方贯通,岩石失稳破坏。这是因为,在层理倾角的影响下,应力首先集中于层理间的弱面,裂纹不断萌生,随着应力增加,裂纹更容易沿层理方向扩展,在摩擦力的作用下,应力在试件下部不断集中,裂纹扩展数量增多,导致 AE 事件聚集,岩石破坏速度加剧,最终裂纹向右上方贯通,试件破坏。

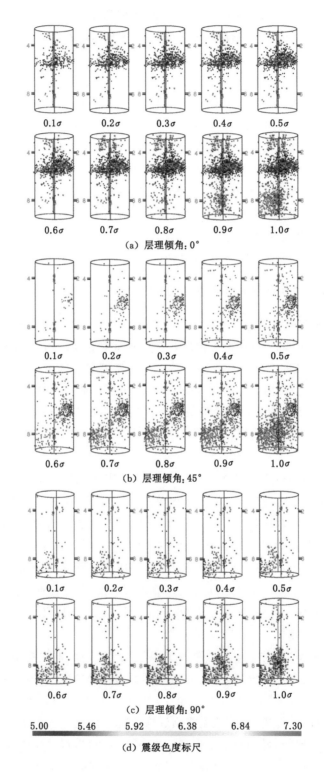

（a）层理倾角：0°

（b）层理倾角：45°

（c）层理倾角：90°

5.00	5.46	5.92	6.38	6.84	7.30

（d）震级色度标尺

图 5-15　3 种层理倾角试件破坏过程中 AE 事件的空间演化规律

图 5-15(c)为层理倾角为 90°时的 AE 事件的分布规律,与图 5-15(a)和图 5-15(b)相比,AE 事件分布散乱,并无明显的方向性。在整个加载过程中,没有发生 AE 事件突增现象,只是在 0.8σ 以后,AE 事件的增速加快。由图 5-15(c)可以看出,AE 事件数量较前两种层理倾角情况的 AE 事件数量减少,中高震级的红色小球数量较少。当层理方向平行于轴向方向时,试件更容易在拉应力的作用下发生张拉破坏,由于张拉破坏所需要的能量较少,因此中高震级的 AE 事件数量也较少。试件虽然发生张拉破坏,但整体还在承压,因此试件下部在轴向应力的作用下产生应力集中现象,裂纹扩展并贯通,试件破坏。

5.4.5　b 值变化特征

Gutenberg(古登堡)与 Richter(里克特)在研究世界地震活动性时提出了地震震级与频度之间的统计关系,即著名的 G-R 关系[232-233]:

$$\lg N = a - bM \tag{5-1}$$

式中　M——震级;

　　　N——大于震级 M 的声发射数;

　　　a——常数;

　　　b——声发射相对震级分布的函数。

在岩石力学中,b 值可以作为裂纹扩展尺度的函数,其用于表征岩石破坏过程中不同振幅声发射事件的所占比例或不同尺度裂纹的所占比例。曾正文等[234]、Lockner[235] 的研究表明:b 值增大表示小尺度裂纹所占比例增加,以微破裂为主;b 值不变表示不同尺度的裂纹分布不变,不同尺度的微裂纹状态较为恒定;b 值减小表示大尺度裂纹所占比例增加。当 b 值在小幅度范围内变化时,说明微裂纹状态变化缓慢,是一种渐进式的稳定扩展过程;当 b 值在大幅度范围内突然跃迁时,说明微破裂状态突变,是一种突发式的破坏。

采用离散频度法通过 Matlab 软件计算 b 值,将 1 000 个 AE 事件作为一组,并以 200 个 AE 事件滑动进行取样计算,这样可以避免某一震级内的 AE 事件数量太少而造成计算误差过大。得到 b 值随时间的变化规律后,结合应力与时间的对应关系,研究 b 值随应力水平的变化规律,不同层理倾角试件的 b 值-应力水平曲线见图 5-16。

由图 5-16 可以看出,AE 事件 b 值的发展趋势具有明显的层理效应,不同层理倾角试件变形过程中的 b 值-应力水平曲线呈现不同的形态。层理倾角为 0°时,曲线呈现先升高后下降的趋势,且增长幅度和下降幅度较大,说明 b 值不断增大,达到一定应力水平后迅速降低;层理倾角为 45°时,曲线从受载开始变化较为平缓,当应力水平至 60% 后,曲线缓慢下降,说明 b 值在前期变化不大,后期逐渐下降;层理倾角为 90°时,曲线基本呈水平波动状态,当应力水平至 80% 后,会有小幅度的下降,即整个受力过程中,b 值保持在一个稳定的范围。这是因为,当层理倾角为 0°时,随应力的增加试件内部原生裂隙被压密,新萌生的微裂纹增长迅速,此时以小尺度裂纹为主,b 值上升,当应力增至 60% 后,微裂纹扩展、贯通导致快速出现更大的裂纹,此时以大尺度裂纹为主,b 值下降,裂纹尺度分化明显;当层理倾角为 45°时,微裂纹开始沿层理面萌生,数量不断增加但裂纹尺度保持稳定,小尺度裂纹所占比例较高,所以 b 值变化幅度较小,随着剪切力的增加,大尺度裂纹不断出现且所占比例增大,b 值

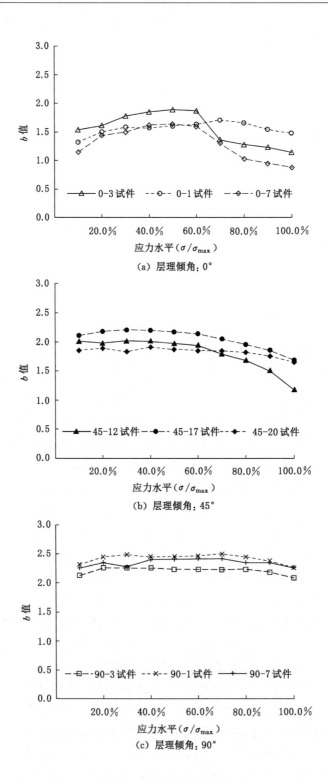

图 5-16　不同层理倾角试件的 b 值-应力水平曲线

随之下降；当层理倾角为 90°时，在加载过程中，微裂纹的萌生、扩展较为平稳，裂纹数量也少于前两种角度中的裂纹数量，仅在试件破坏前大尺度裂纹所占比例增加，b 值出现小幅下降现象。

此外，b 值的大小也具有层理效应。由图 5-16 可以看出，当应力水平相同时，层理倾角为 90°时的 b 值平均值最高，层理倾角为 0°时的 b 值平均值最低，层理倾角为 45°时的 b 值平均值居中。这是因为，在相同的应力条件下，层理倾角为 90°时的裂纹中，小尺度裂纹所占的比例较高，发生的 AE 事件能量较低；层理倾角为 0°时，发生的 AE 事件能量较高，大尺度裂纹所占的比例较高。这一结论也和前文中不同层理倾角试件的 AE 事件的能量变化趋势吻合。

5.5　循环荷载条件下的干燥及饱和弱胶结砂岩声发射特征

在复杂地质环境中，岩体在受循环荷载作用的同时还受水的作用，如煤矿含水岩层顶、底板及巷道围岩在周期来压作用下发生变形破坏，因此，研究水和循环荷载共同作用下的岩石力学问题十分必要。本节拟对取自小纪汗煤矿的弱胶结砂岩进行干燥和饱水状态下的单轴循环加卸载和声发射检测试验，研究干燥和饱和试件的声发射特征，分析基于加卸载响应比的不同饱和状态下的弱胶结砂岩的破坏前兆，该研究结果可为煤矿含水岩层顶、底板及巷道围岩稳定性的研究提供参考。

5.5.1　声发射特征

本次声发射试验是在进行第 4 章干燥和饱和弱胶结砂岩循环加卸载试验的同时开展的声发射检测，试验设备和试验方案不再赘述。

岩石在受力破坏时，内部微裂纹的压密、萌生、扩展和贯通均会伴随着声发射的产生，借此可以研究岩石损伤的演化过程。图 5-17 为循环加卸载时干燥和饱和试件应力、声发射能量累计数随时间变化的情况。从声发射能量累计数的变化情况来看，对于干燥试件，随着循环次数的增加，声发射活动水平保持平稳缓慢上升状态，直至试件破坏失稳前声发射能量累计数才出现爆发式增长，这说明干燥试件内部的裂纹不断萌生、扩展，在试件破坏前瞬间贯通；饱和试件的声发射能量累计数在 1 100 s、1 900 s 和试件破坏前分别出现三次阶跃式增长，这说明在试件受压过程中，出现了局部的裂纹连通和破坏，随着应力增加，裂纹形成宏观贯通，这是由于在水的作用下，饱和试件的强度已经降低，在受压过程中更容易出现局部的损伤，导致变形过程中出现多次声发射能量累计数的阶跃式增长。图 5-18 为试件的破坏形式，由图 5-18 可以看出，干燥试件存在单一的剪切破裂，饱和试件则存在主破裂和多处局部破裂，二者破坏形式与对应的声发射特征吻合。

从声发射能量累计数变化情况来看，干燥试件在整个加卸载过程中的能量累计数为 3.87×10^{-11} J，饱和试件的能量累计数为 2.58×10^{-11} J，仅为干燥试件的 66.67%。该现象反映饱和试件的声发射活动水平要远低于干燥试件。这是由于饱和试件内部的水降低了矿物颗粒间接触面的摩擦力，同时岩石内部的胶结物在水的作用下会发生软化，从而使得岩石

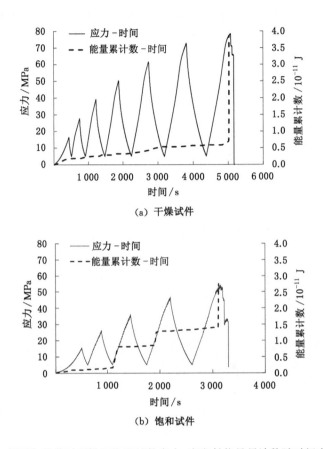

图 5-17　循环加卸载时干燥和饱和试件应力、声发射能量累计数随时间变化的情况

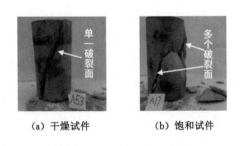

图 5-18　试件破坏形式

在裂纹萌生、扩展过程中所需要的能量减少,导致声发射活动水平降低。

5.5.2　破坏前兆分析

加卸载响应比(load/unload response ration,LURR)理论是 YIN 等[236]提出的用于研究非线性系统失稳前兆和失稳预报的理论,LURR 用 Y 表示,$Y = X_+ / X_-$,其中,X_+ 和 X_- 分别表示加载与卸载阶段的响应量。通常采用式(5-2)对响应量进行计算:

$$X = \lim_{\Delta P \to \infty} \frac{\Delta R}{\Delta P} \tag{5-2}$$

式中　ΔR——响应 R 对应的增量；

　　　ΔP——荷载对应的增量。

可通过这一指标来研究岩石的失稳破坏过程,当岩石处于弹性阶段时,$X_+ = X_-$,加卸载响应比 $Y=1$;当岩石发生损伤时,$X_+ > X_-$,$Y>1$ 且随着比值增加 Y 值继续增大;当岩石临近失稳时,Y 值达到最大。地震学中通常采用地震能量 E 作为响应量,则加卸载响应比 Y 为:

$$Y = \left(\sum_{i=1}^{N_+} E_i^m \right)_+ \Big/ \left(\sum_{i=1}^{N_-} E_i^m \right)_- \tag{5-3}$$

式中　E——响应量(地震能量)。

本小节用声发射能量数代替地震能量来对弱胶结砂岩的加卸载响应比展开研究,相应地,N_+ 为加载时的声发射能量数目,N_- 为卸载时的声发射能量数目,当 $m=1$ 时,认为 E^m 为声发射能量本身。图 5-19 所示为干燥和饱和试件加卸载响应比 Y 随时间的变化曲线,Y 值由每个循环加卸载过程中的加载段及卸载段的声发射能量数目计算获得。

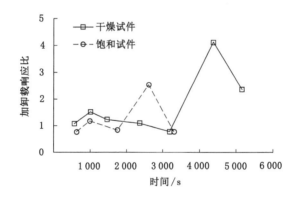

图 5-19　干燥和饱和试件加卸载响应比 Y 随时间变化的曲线

如图 5-19 所示,干燥和饱和试件的 Y 值-时间曲线呈现如下变化趋势:小幅升高→降低→急剧升高→迅速回落。在初始加载阶段,加载造成岩石内部孔隙的压密和新微裂纹的产生,从而产生声发射能量的释放,卸载时应力降低,岩石发生弹性变形,释放的能量较加载时小,Y 值升高;随着应力水平升高,岩石中聚集的能量增加,同时损伤积累,不断出现新的微裂纹并与旧裂纹连通,该阶段加载时产生的声发射能量略小于卸载时的,Y 值小幅降低;当应力水平进一步升高时,裂纹宏观贯通导致试件稳定性迅速下降,加载阶段产生更多的声发射能量,Y 值急剧升高;当经过峰值强度后,试件即将发生宏观失稳破坏,其内部的应力-损伤变化情况对外界的扰动不再敏感,此时 Y 值迅速回落。因此,对于干燥和饱和试件,Y 值迅速回落可以看作岩石失稳破坏的前兆。

虽然饱和试件与干燥试件的 Y 值变化规律相近,但是二者仍存在差异。加卸载响应比的峰值对应岩石试件宏观裂纹的形成时刻,故本小节引入加卸载响应比的峰值特征时间来对此进行分析。对试件循环加卸载过程中的时间进行归一化,令 Y 值峰值强度时刻为 T_1,

试件破坏时刻为 T_2，则 $T = T_1/T_2$，即 Y 值的峰值特征。干燥和饱和试件 T 值的计算结果见表 5-4。

表 5-4　干燥和饱和状态 T 值的计算结果

Y 值的峰值特征	干燥试件			饱和试件		
	A35	A49	A53	A17	A42	A60
T	0.88	0.83	0.85	0.77	0.72	0.75

由表 5-4 可以看出，相对干燥试件，饱和试件的 T 值较小，其平均值为 0.747，较干燥试件 T 值的平均值 0.853 低 12.43%，这说明饱和试件加卸载响应比峰值强度在岩石受载过程中出现较早，而干燥试件加卸载响应比峰值强度在岩石受载过程中出现较晚，表现为更为突然的岩石失稳破坏。因此可以推断，饱和试件含水造成的岩石强度弱化、内部颗粒间的摩擦减弱等导致其加卸载响应比峰值强度提前出现。

第6章 弱胶结砂岩本构模型及数值试验研究

6.1 引言

通过数学分析方法和岩石力学试验手段揭示岩石在受力过程中的变形特征是本构关系构建的本质目的,合理的本构模型是通过数值计算和理论分析得到可靠结果的重要前提。在岩石力学试验及其结果分析的基础上可以获得变形和强度参数,进而可以根据弹性力学、弹塑性力学等基本理论假设构建能够反映岩石变形特征的本构模型。为了确定本构模型的合理性,需要通过现场测试和数值计算来加以验证,经过不断完善和优化,便可以得到最终的本构模型。本章以小纪汗煤矿弱胶结砂岩三轴压缩试验结果为基础,研究了双应变胡克模型(TPHM)和统计损伤本构模型在弱胶结砂岩屈服之前和屈服之后的变形特征辨识中的应用,并构建了分段式本构模型;基于岩石各个微元体强度服从威布尔分布的假设,通过CT扫描影像获取了弱胶结砂岩的均质度信息;通过有限差分法数值试验,在考虑岩石均质度的前提下对所提出的本构模型进行了验证,发现结果符合弱胶结砂岩的变形特征。

6.2 弱胶结砂岩分段式本构模型

6.2.1 屈服点前的本构模型

Zhao 等[87]从概念上将岩石划分为软体和硬体两部分,软体指岩石内部孔隙和裂隙,硬体指除软体外的岩石"骨架"部分。软体部分能够承受较大程度的变形,可采用以岩石变形与当前应力状态下岩石体积之比(自然应变)为基础的胡克定律来进行描述;硬体部分承受的变形较小,可采用以岩石变形与初始应力状态下岩石体积之比(工程应变)为基础的胡克定律来进行描述,即双应变胡克模型(two-part Hooker model,简称 TPHM 模型),见式(6-1)。该模型能够描述应力-应变曲线的压密阶段上凹特征和弹性阶段变形特征。

$$\begin{cases} \varepsilon_1 = \frac{3-\gamma_t}{3E_e}[\sigma_1 - \mu(\sigma_2+\sigma_3)] + \frac{\gamma_t}{3}\left[1-\exp(-\frac{\sigma_1}{E_t})\right] \\ \varepsilon_2 = \frac{3-\gamma_t}{3E_e}[\sigma_2 - \mu(\sigma_1+\sigma_3)] + \frac{\gamma_t}{3}\left[1-\exp(-\frac{\sigma_2}{E_t})\right] \\ \varepsilon_3 = \frac{3-\gamma_t}{3E_e}[\sigma_3 - \mu(\sigma_1+\sigma_2)] + \frac{\gamma_t}{3}\left[1-\exp(-\frac{\sigma_3}{E_t})\right] \end{cases} \quad (6-1)$$

式中　σ_1——第一主应力；

σ_2——第二主应力；

σ_3——第三主应力；

ε_1——第一主应变；

ε_2——第二主应变；

ε_3——第三主应变；

E_e——硬体部分弹性模量；

E_t——软体部分弹性模量；

μ——硬体部分的泊松比；

γ_t——软体部分占岩石整体的比例。

在三轴围压条件下，$\sigma_2=\sigma_3$，则 ε_1 可以表示为：

$$\varepsilon_1=\frac{3-\gamma_t}{3E_e}[\sigma_1-2\mu\sigma_3]+\frac{\gamma_t}{3}\left[1-\exp(-\frac{\sigma_1}{E_t})\right] \quad (6\text{-}2)$$

模型中需要求解的参数为软体部分弹性模量 E_t、硬体部分弹性模量 E_e 和软体部分在岩石中的占比 γ_t。在此引入 γ'_e 和 γ'_t，分别表示单一主应力方向上硬体和软体占总体积的比例，并近似认为 $\gamma'_t=\gamma_t/3$，且 $\gamma'_e=1-\gamma'_t$。图 6-1 为 TPHM 模型中的参数求取方法，该方法的原理与轴向应变法求裂纹闭合应力的方法相同。应力-应变曲线直线段部分向应变轴方向延长得到的交点即 γ'_t，由此可求出 γ_e 与 γ_t；曲线直线段部分的斜率可表示硬体部分弹性模量 E_e 与 γ_e 的比值，将其转换为 $3E_e/(3-\gamma_t)$，可得到 E_e；软体部分的弹性模量 E_t 可通过将曲线在压密阶段的应力应变数值代入式（6-2）进行计算得到。

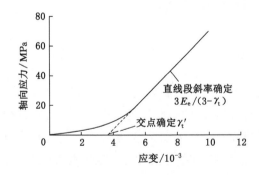

图 6-1　TPHM 模型中的参数求取方法

图 6-2 所示为围压分别为 0 MPa、3.5 MPa、7.5 MPa 和 11.5 MPa 时的峰前应力-应变曲线和模型曲线的对比数据，由图 6-2 可以看出，二者表现出较好的一致性，尤其是轴向应力较低时，模型曲线准确地描述了压密阶段曲线的上凹现象，这说明采用 TPHM 模型描述弱胶结砂岩的峰前应力-应变特征是合适的。但是，该模型作为胡克模型的扩展，仅能模拟应力-应变曲线在屈服点前的变形特征，不能描述屈服点后的变形情况。

图 6-3 所示为应变-应力坐标系下软体部分和硬体部分各自产生的应变示意图。其

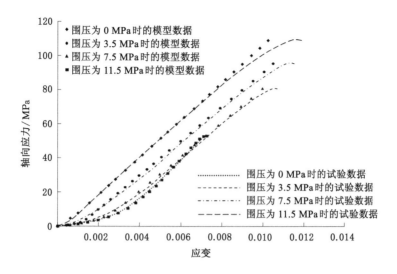

图 6-2　试验数据与模型数据的对比

中,软体部分的应变集中产生在压密阶段,当轴向应力增大至一定程度时应变不再增加,
进入平台阶段;硬体部分应变则呈线性增长趋势,经过压密阶段后与应变-应力曲线平
行。TPHM 模型可以很好解释该现象:在施加轴向应力的初始阶段,弱胶结砂岩的应力-
应变曲线在低应力水平下由于压密而产生的上凹现象,是岩样内部原生孔隙、微裂隙的
压缩闭合发挥的作用,说明该阶段软体部分承担主要应变。由于硬体部分的弹性模量 E_e
远大于软体部分的弹性模量 E_t,二者之间存在数量级的差距,因此压密阶段后的软体部
分的弹性模量 E_t 可以忽略不计。经过压密阶段后,软体部分不再起作用,硬体部分承担
主要应变。

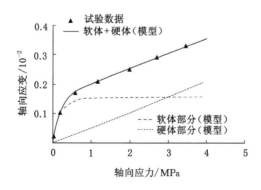

图 6-3　软体部分应变与硬体部分应变的对比示意图

TPHM 模型的参数 E_t、E_t、γ_t 可通过某一条试验曲线的数据计算获得,表 6-1 列出了
不同围压下 TPHM 模型的参数。

表 6-1　不同围压下 TPHM 模型的参数

试件编号	围压/MPa	E_e/MPa	E_t/MPa	γ_t
B02	0	9 642	2.9	0.007 4
B32	3.5	10 990	3.0	0.005 8
B86	7.5	9 200	2.1	0.004 5
B33	15.5	10 600	2.7	0.003 1

为降低基于单一试验曲线建立的本构方程在反映不同应力状态下的本构关系时的误差,需要对方程进行修正。通过拟合建立围压与参数 E_t、E_t、γ_t 之间的关系,可以较好地解决该问题,同时能够减少方程中的参数,见式(6-3)~(6-5)。将拟合参数代入式(6-2)便可得到弱胶结砂岩的双应变胡克本构方程,见式(6-6)。

$$E_e = 47.056\sigma_3 + 9\ 561 \tag{6-3}$$

$$E_t = -0.026\ 9\sigma_3 + 2.874\ 1 \tag{6-4}$$

$$\gamma_t = -0.000\ 2\sigma_3 + 0.006\ 8 \tag{6-5}$$

$$\varepsilon_1 = \frac{0.000\ 2\sigma_3 + 2.993\ 2}{141.168\sigma_3 + 2.868\ 3}(\sigma_1 - 2\mu\sigma_3) + \left(\frac{0.006\ 8 - 0.000\ 2\sigma_3}{3}\right)\left[1 - \exp\left(\frac{\sigma_1}{0.026\ 9\sigma_3 + 2.874\ 1}\right)\right] \tag{6-6}$$

6.2.2　屈服点后的本构模型

屈服点后试件开始出现塑性损伤,可采用基于莫尔-库仑准则的统计损伤本构模型来表示这一阶段的本构关系。假设弱胶结砂岩在受力损伤变形过程中的岩石内的各个微元体强度服从威布尔分布,损伤为连续过程,则其间微元体强度的分布密度函数为:

$$\phi(\varepsilon) = \frac{m}{\varepsilon_0}\left(\frac{\varepsilon}{\varepsilon_0}\right)^{m-1}\exp\left[-\left(\frac{\varepsilon}{\varepsilon_0}\right)^m\right] \tag{6-7}$$

式中　ε——岩石微元应变;

　　　$\phi(\varepsilon)$——岩石微元体在应变为 ε 时的微元破坏概率;

　　　m——威布尔分布形态参数;

　　　ε_0——威布尔分布尺度参数;

　　　ε_2——第二主应变;

　　　ε_3——第三主应变。

其中,m 与 ε_0 可以通过试验确定。根据连续损伤力学的原理,材料损伤面积与无损时材料的全面积之比可定义为损伤参量,即

$$D = \frac{S}{S_m} = \int_0^\varepsilon \phi(x)\mathrm{d}x = 1 - \exp\left[-\left(\frac{\varepsilon}{\varepsilon_0}\right)^m\right] \tag{6-8}$$

式中　S——材料损伤面积;

　　　S_m——无损时材料的全面积。

岩石的强度可以通过破坏准则表征,其通式可描述为 $f(\sigma^*) - K = 0$,式中,$f(\sigma^*)$ 是岩石强度随机分布变量,σ^* 是有效应力,K 是与内聚力、内摩擦角有关的常数。根据莫尔-库仑准则,微元体破坏时,应力条件应满足

$$\sigma_1 - \sigma_3 \frac{1 + \sin\varphi}{1 - \sin\varphi} = \frac{2C\cos\varphi}{1 - \sin\varphi} \tag{6-9}$$

式中　σ_1——最大主应力;

　　　σ_3——最小主应力;

　　　C——内聚力;

　　　φ——内摩擦角。

根据文献[237]中的方法,可以推导出损伤变量,即

$$D = 1 - \exp\left\{ - \left[\left[\varepsilon_1 E - \left(\frac{1 + \sin\varphi}{1 - \sin\varphi} - 2\mu \right)\sigma_3 \right] / (\varepsilon_0 E) \right]^m \right\} \tag{6-10}$$

式中　ε_1——轴向应变;

　　　σ——围压;

　　　μ——泊松比;

　　　E——弹性模量。

有学者提出,岩石在三维受压过程中,只有达到一定的应力状态时才会开始发生损伤,损伤演化规律和起始准则可以表示如下:

$$\begin{cases} D = 0, \varepsilon_1 \leqslant \left(\frac{1 + \sin\varphi}{1 - \sin\varphi} - 2\mu \right)\frac{\sigma_3}{E} \\ D = 1 - \exp\left\{ - \left[\left[\varepsilon_1 E - \left(\frac{1 + \sin\varphi}{1 - \sin\varphi} - 2\mu \right)\sigma_3 \right] / (\varepsilon_0 E) \right]^m \right\} \\ \varepsilon_1 \geqslant \left(\frac{1 + \sin\varphi}{1 - \sin\varphi} - 2\mu \right)\frac{\sigma_3}{E} \end{cases} \tag{6-11}$$

根据 Lemaitre 应变等价性理论,则有:

$$\varepsilon_1 = \frac{1}{E}\left[\frac{\sigma_1}{1 - D} - \mu\left(\frac{\sigma_2}{1 - D} + \frac{\sigma_3}{1 - D} \right) \right] \tag{6-12}$$

式中,σ_2 和 σ_3 为围压,在三轴压缩条件下,$\sigma_2 = \sigma_3$;μ 为泊松比。于是有:

$$\sigma_1 = E\varepsilon_1(1 - D) + 2\mu\sigma_3 \tag{6-13}$$

对于各向同性弹性损伤材料,将损伤变量 D 代入三维弹性方程[式(6-13)],得到三维应力状态下的岩石损伤本构方程,即

$$\sigma_1 = 2\mu\sigma_3 + E\exp\left\{ - \left[\left[\varepsilon_1 E - \left(\frac{1 + \sin\varphi}{1 - \sin\varphi} - 2\mu \right)\sigma_3 \right] / (\varepsilon_0 E) \right]^m \right\} \tag{6-14}$$

通过三轴压缩试验数据对式(6-14)中的参数 m 和 ε_0 进行拟合计算,得到不同围压下的参数值,将其代入式(6-12)和式(6-13),得到相应的损伤演化方程和本构方程。统计损伤本构模型计算参数见表 6-2。

表 6-2 统计损伤本构模型计算参数

试件编号	围压/MPa	相关系数	ε_0	m
B02	0	0.953 8	0.005 1	2.88
B32	3.5	0.974 3	0.006 7	3.54
B86	7.5	0.981 3	0.008 2	3.76
B33	15.5	0.977 5	0.008 5	4.87

图 6-4 所示为不同围压下统计损伤本构模型曲线、TPHM 模型曲线与试验曲线的对比数据。由图 6-4 可以看出,随着围压的增加,统计损伤本构模型曲线在峰前逐渐与试验曲线接近并保持大致相同的斜率,但均不能描述压密阶段。TPHM 模型曲线在压密阶段呈直线状,没有出现上凹的现象。进入屈服阶段后,TPHM 模型曲线基本和试验曲线吻合,峰值应力后,TPHM 模型曲线也能够较好地描述试件的变化过程。张明等[238]在研究岩石统计损伤本构模型参数时也通过与试验数据进行对比得到了相同的结论。

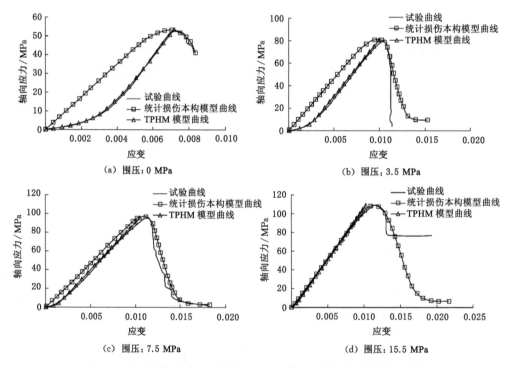

图 6-4 统计损伤本构模型曲线、TPHM 模型曲线与试验曲线的对比

统计损伤本构模型的实质是用对应某一屈服准则(本书采用莫尔-库仑准则)的等效应力来表示连续损伤。本构方程将岩石弹性行为表述为近似直线的曲线,非严格的线性关系,其无法描述压密阶段曲线上凹的特点。另外,由于非弹性和线弹性阶段没有产生屈服,故基于莫尔-库仑准则的统计损伤本构模型并没有数学上的意义,因此在曲线上体现出来的是近似直线段。

为了简化模型,与 TPHM 模型采用相同的处理方式,对统计损伤本构模型的参数 m、ε_0

和围压 σ_3 的关系进行拟合,得到式(6-15)和式(6-16),即

$$m = 0.128\ 8\sigma_3 + 2.88 \tag{6-15}$$

$$\varepsilon_0 = 0.000\ 2\sigma_3 + 0.005\ 7 \tag{6-16}$$

将二者代入式(6-14),得到弱胶结砂岩的统计损伤本构模型,即

$$\sigma_1 = 2\mu\sigma_3 + E\varepsilon_1 \exp\left\{-\left[\left[\varepsilon_1 E - \left(\frac{1+\sin\varphi}{1-\sin\varphi} - 2\mu\right)\sigma_3\right] / (0.000\ 2\sigma_3 + 0.005\ 7)E\right]^{0.128\ 8\sigma_3+2.88}\right\} \tag{6-17}$$

6.2.3 本构模型精度分析

弱胶结砂岩在受压初始阶段具有明显的压密阶段,应力-应变曲线上凹明显,采用双应变胡克模型能够较好地描述岩石的压密特征,但该模型不能描述峰值强度后的变形特性。基于莫尔-库仑准则的统计损伤本构模型虽然能描述全过程的应力-应变曲线,尤其是能够准确描述弱胶结砂岩损伤后的变化,但损伤前的模型曲线还不能和实际的应力-应变曲线吻合,因为该模型认为损伤前属于弹性变形阶段,无法显现压密特性。

根据式(6-11)的统计损伤本构模型的损伤演化规律和起始准则,认为 ε_1 为屈服点应变,即

$$\varepsilon_1 = \left(\frac{1+\sin\varphi}{1-\sin\varphi} - 2\mu\right)\frac{\sigma_3}{E} \tag{6-18}$$

当应变小于屈服点应变时,采用双应变胡克模型描述压密阶段-弹性阶段-屈服点前的变形,当应变大于屈服点应变时,选择基于莫尔-库仑准则的统计损伤本构模型描述屈服点后的变形。图 6-5 所示为对围压分别为 11.5 MPa 和 19.5 MPa 的应力-应变曲线采用式(6-6)和式(6-17)进行模拟的对比数据。由图 6-5 可以看出,在屈服点处,两种模型曲线还无法严密对接,围压为 11.5 MPa 的曲线在应变为 0.009 处出现断点,围压为 19.5 MPa 的曲线在应变为 0.011 处出现断点,这是由于两种模型基于的理论基础不同,二者不能整合成为单一的本构方程,形成连贯曲线。因此,对于弱胶结砂岩的本构关系,还需要进一步深入研究,以得到准确表达此类岩石力学特性的本构模型。

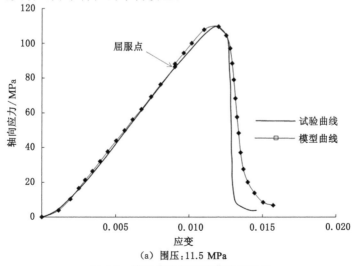

(a) 围压:11.5 MPa

图 6-5　模型曲线与试验曲线的对比

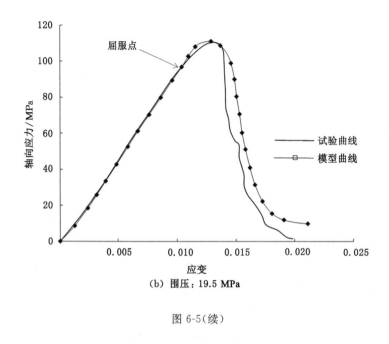

(b) 围压：19.5 MPa

图 6-5（续）

6.3　基于 CT 扫描影像的弱胶结砂岩非均匀性表征

　　岩石作为一种地质材料,其最基本的特征之一就是非均匀性。在岩石力学试验的结果中,通常会出现较大的离散性,除试验设备和试验条件的影响外,岩石的非均匀性是造成这一现象的重要因素。非均匀性是材料物理力学性质在空间上非连续性的表现形式,岩石材料由矿物晶体、颗粒集合体和胶结物以及其中的微裂纹等缺陷共同构成,沉积岩、火成岩、变质岩等不同类型的岩石成岩机制不同,即岩石力学性质如弹性、强度等在空间分布上存在不均匀性。在外力施加的条件下,由于岩石力学性质的非均匀性,其内部的应力分布十分复杂,也表现出相应的非均匀性特征。因此,从细观角度来看,岩石是典型的非均匀性材料[239-240]。

　　基于岩石介质微元体强度服从威布尔分布的假设,许多学者提出了均质度的计算方法。例如,徐涛等[241]基于岩石应变强度理论,推导出利用单轴压缩应力-应变曲线的峰值点确定均质度的计算公式。杨圣奇等[237]在此基础上引入损伤比例系数,计算了大理岩的均质度。曹文贵等[242]基于现有的岩石损伤软化统计本构模型研究,通过引进莫尔-库仑准则和探讨岩石应力-应变全程曲线峰值应变与围压的关系,建立了特定围压下均质度与围压的解析表达式。罗荣等[243]将岩石细观单元随机参数的变异系数定义为岩石均质度,并推导了相关的计算方法。但是不论采用哪种方法计算岩石试件的均质度,都需要进行破坏性试验,即必须先得到该岩石试件的峰值应力。因此,基于 CT 扫描影像技术识别岩石均质度的方法,在不破坏岩石的前提下为实现弱胶结砂岩的均质度识别和岩石的均质度表征提供了新的思路。

6.3.1 弱胶结砂岩 CT 扫描试验及设备

6.3.1.1 岩石 CT 扫描试验简介

工业 CT 是指应用于工业领域的核成像技术。CT 技术能够对被检测的三维物体进行分层成像,每层之间的影像不会相互影响,能够准确地表达出被检测物体内部三维结构的位置关系、物质成分以及物体内部的缺陷与损伤,CT 扫描原理见图 6-6。

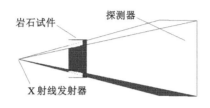

图 6-6 CT 扫描原理

6.3.1.2 高精度 CT 扫描试验设备

本次试验所采用的 CT 设备为黑龙江科技大学矿业工程学院的 ICT-3400 型双能 CT 煤岩扫描分析仪系统。该系统由双能 X 射线源、高分辨率非晶硅面阵列探测器、计算机 3D 扫描构建图像处理系统、高精度精密扫描平台、控制系统、射线防护系统等组成,如图 6-7 所示。该系统通过高投影放大比实现对被扫描样品的高分辨率 DR(数字 X 射线摄影)成像,利用专用三维快速重建以及可视化建模软件实现对被扫描样品的层析成像以及内部三维信息的可视化,同时借助软件的辅助分析功能实现对煤、岩芯样品的微观孔隙结构的三维测量、参数统计等。

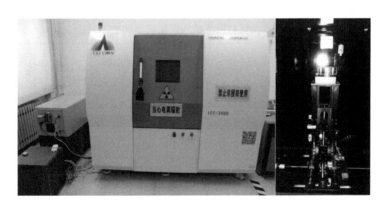

图 6-7 ICT-3400 型双能 CT 煤岩扫描分析仪系统

6.3.2 基于 CT 扫描影像的均质度计算方法

6.3.2.1 可行性分析

岩石通常由多种矿物成分组成,对于一定地质范围内的某一类岩石,同种矿物成分的物理力学性质往往较为相近,因此,不同矿物成分在物理力学性质上的差异是该类岩石表现非均匀性的主要原因。若假设岩石微元体的物理力学性质仅与构成该微元体的矿物成分有关,则确定微元体中各矿物成分间的相对比例是表征该微元体物理力学性质和岩石非均匀性的关键。

一般来说,不同矿物成分反射的光谱及呈现的灰度会有差异。通过 CT 扫描技术将岩石材料转换为影像,则其内部不同密度的矿物成分可通过灰度的变化在影像中得到再现。各不同密度矿物成分间的相对比例亦包含在灰度信息中,材料内部不同部位的密度不同,灰度高的部分密度大,灰度低的部分密度小。

将影像像元视为岩石介质微元体,运用数字图像技术对像素灰度的分布特征进行分析,利用统计方法对岩石的非均匀性进行基于灰度信息的表征,并与威布尔分布曲线进行拟合,由此确定岩石 CT 扫描影像的灰度均质度。由于岩石的密度与强度之间存在明显的正相关关系,因此本小节以岩石的灰度均质度来表示岩石的强度均质度。

本小节所用的弱胶结砂岩的矿物成分为石英、长石、方解石及黑云母等,石英和长石是弱胶结砂岩颗粒的主要成分,二者所占比例约为 70%,方解石和黑云母在岩石颗粒中的比例较低,因此在弱胶结砂岩中对强度起支撑作用的主要是石英和长石。表 6-3 列出了不同类型弱胶结砂岩矿物成分的密度和强度,由表 6-3 可以看出,石英与长石的强度和密度存在正相关关系,但是方解石与石英和长石的密度接近,强度差距较大,另外黑云母密度较高但强度更弱,考虑方解石和黑云母含量较低,因此可以认为,弱胶结砂岩中矿物成分的密度与硬度存在正相关关系,结合密度和强度间的正相关关系,其矿物成分像元的明暗与其强度的高低也存在正相关关系。综上所述,这种单调关系也印证了采用灰度均质度代表强度均质度在一定程度上具有可行性。

表 6-3 不同类型弱胶结砂岩矿物成分的密度与强度

矿物成分	石英	长石	方解石	黑云母
密度/$g \cdot cm^{-3}$	2.65	2.55	2.6	3.02
强度	7	6	3	2.5

基于以上推论,本小节通过岩石 CT 扫描影像获取岩石内部材料的密度分布信息,利用灰度的分布特征求解灰度均质度,利用该均质度数值即可达到基于数字图像技术识别岩石均质度的目的。

6.3.2.2 均质度计算方法

(1) CT 扫描影像解析

扫描所用试件为本书三轴压缩试验中围压为 0 MPa 时的试件 B02。在进行物理试验之前,采用 ICT-3400 双能 CT 煤岩扫描分析仪系统对试件进行扫描,沿水平和垂直两个方向得到试件不同层位的灰度影像,建立基于 CT 扫描影像的灰度三维模型,以及不同层位的影像切片模型。各种类型的 CT 扫描影像见图 6-8。

其中,图 6-8(a)所示为沿垂直方向对圆柱体试件进行扫描的影像,该方向共扫描了

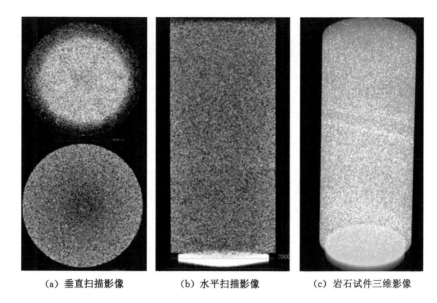

| (a) 垂直扫描影像 | (b) 水平扫描影像 | (c) 岩石试件三维影像 |

图 6-8　CT 扫描数字影像

2 231个层位,每隔 0.045 mm 建立一层密度扫描影像图;图 6-8(b)所示为沿水平方向对圆柱体试件进行扫描的影像,共扫描了 1 024 个层位,由于沿水平方向圆柱体切面的面积在不断变化,故图 6-8(b)中所展示的为位于圆柱体试件直径上的密度扫描影像;图 6-8(c)所示为系统软件根据密度扫描影像建立的岩石试件三维影像。

(2) 弱胶结砂岩均质度计算

通过 CT 扫描影像确定岩石均质度的思路为:首先,基于统计方法求出密度分布信息,然后,进行数据拟合获得威布尔分布曲线进而得到均质度 m,其具体步骤如下。

① 选择适当的影像作为统计源

考虑沿水平方向的影像由于圆柱体试件侧向弧面的影响,每个层位影像的宽度不同,因此本小节选择垂直于圆柱体试件的圆形扫描面,由于沿垂直方向共扫描了 2 231 个层位,为了方便计算,每隔 5 mm 选择一个层位的扫描影像进行密度分布统计,共选择 21 个影像,部分用于密度分布统计的 CT 扫描影像见图 6-9,由于各层影像密度分布大致相似,因此不再一一列出。

对图 6-9 中的第一幅图进行局部放大,可以对其内部的密度分布有进一步的了解,如图 6-10 所示。从图 6-10 可以看出,黑色部分为密度较小的区域,推测为弱胶结砂岩内部原生的孔隙或强度较低的胶结物;灰色部分的密度大于黑色部分,推测为构成岩石的强度稍高的矿物颗粒和部分胶结物,如黑云母或方解石以及钙质或铁质胶结物等;白色部分的密度最大,通常代表强度较高的矿物颗粒,如石英颗粒或长石颗粒。从不同密度区域的分布来看,是存在一定的不均匀性的,如图 6-10 中左侧上方的高密度区域和左侧中部的低密度区域。仔细观察图 6-9 中的不同层位的 CT 扫描影像可以发现,每个层面都存在高密度区域和低密度区域,且在分布上没有规律,呈随机状态。

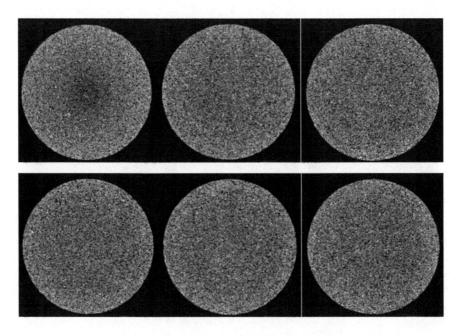

图 6-9　部分用于灰度统计的 CT 扫描影像

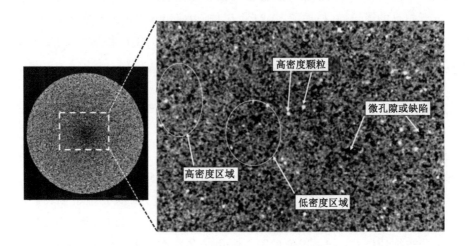

图 6-10　局部放大的 CT 扫描影像

② 影像统计

由于影像中包含许多像素,所以可将影像本身作为一个像素矩阵。每一个像素都包含灰度分量,因此灰度影像可离散为一个矩阵函数,即

$$f(B) = \begin{bmatrix} f_{11}(B) & f_{12}(B) & \cdots & f_{1j}(B) \\ f_{21}(B) & f_{22}(B) & \cdots & f_{2j}(B) \\ \vdots & \vdots & \ddots & \vdots \\ f_{i1}(B) & f_{i2}(B) & \cdots & f_{ij}(B) \end{bmatrix} \tag{6-19}$$

式中　i——影像的像素高度;

j——影像的像素宽度;

B——像素灰度。

本小节通过影像灰度统计软件 ImageProcess 对不同层位的 CT 影像的灰度进行了统计,从而得到了不同灰度影像像素的数量以及各层位不同灰度影像颗粒的数量集合。

利用数字图像处理技术提取影像中颜色分量对应的像素个数并绘制出颜色分量(B)的分布曲线,如图 6-11 中的 1 号曲线所示,其形状与威布尔分布曲线相似。

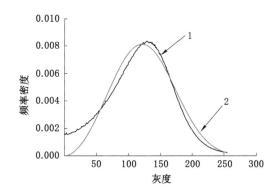

图 6-11　颜色分量的分布曲线与岩石灰度分量的分布曲线

（3）均质度的拟合

威布尔分布函数的形式为:

$$\phi(\alpha) = \frac{m}{\alpha_0}(\alpha/\alpha_0)^{m-1}\exp(-(\alpha/\alpha_0)^m) \tag{6-20}$$

式中　α——对于灰度分量的分布曲线,即灰度变量。

m——统计分布函数的形态参数,即均质度系数。

α_0——尺度参数,可通过随机变量 α 的均质 $E(\alpha)$ 及均质度 m 利用式 $\alpha_0 = E(\alpha)/\Gamma(1+1/m)$ 求出,其中 $\Gamma()$ 为 gamma(伽马)函数,$\Gamma(x) = (x-1)!$,x 可以是大于零的任意实数,不局限于正整数。

可见威布尔分布函数中的参数 α_0 并不代表威布尔分布的均质度,但由于 α_0 与 $E(\alpha)$ 差距不大,很多文献将其定义为威布尔分布的平均值。岩石灰度分量(R)的分布曲线可利用以灰度均质度 m 为自变量的威布尔曲线进行拟合,拟合结果如图 6-11 中的 2 号曲线所示。

曲线相关系数 R^2 为 0.93,说明灰度(R)呈威布尔分布,灰度均质度的拟合具有事实依据。通过计算可得,均质度 m 为 2.894 3,该值与表 6-2 中试件 B02(无围压条件下)的参数 m 的值 2.88 十分接近。该数值由统计损伤本构关系获得,而在统计损伤本构模型中,参数 m 通常也被认为是岩石的均质度[244]。因此,该结果印证了通过本书第 6.2 节中的本构关系计算得到均质度 m 是具有可行性的。

6.4 考虑均质度的有限差分法的弱胶结砂岩本构模型实现

6.4.1 FLAC3D软件及二次开发环境简介

FLAC3D软件是目前应用较为广泛的三维有限差分法数值模拟软件,该软件可以应用于地质工程、地质力学、土木工程和矿山工程等领域。该软件有多种本构模型,包括弹性模型、塑性模型以及开挖模型等。同时,FLAC3D软件可以在不需要修改内部结构的求解运算规则的前提下,支持用户将自定义的本构模型嵌入软件进行运算。另外,FLAC3D软件还支持用户通过Fish语言和C++语言进行编译,将自定义的本构模型利用动态链接库(DLL)与其进行链接并开展计算。图6-12为FLAC3D软件的基本计算流程。

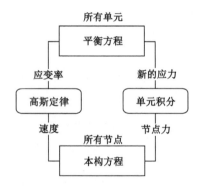

图6-12　FLAC3D软件的基本计算流程

本小节采用的二次开发编译器为Visual studio 2015,FLAC3D中自定义的本构模型的文件主要包括以下类型:① 头文件(.h),相当于预处理模块,包含本构模型所需要的类以及定义的函数和主要的参数名;② 源文件(.cpp),自定义本构模型的主体文件,包含本构模型的主要执行步骤。

编辑好头文件(.h)和源文件(.cpp)后,将本构模型的解决方案调到Release和相应的操作系统版本,即可生成解决方案,如图6-13所示。可以在设定的项目目录文件夹下找到生成好的.dll文件。将.dll文件放在FLAC3D软件的安装目录下,路径一般为C:\Program Files\Itasca\Flac3d500\exe64。在进行计算时,要先加载自定义的本构模块,命令为config umdcpp,加载.dll文件后,方可开始计算。

图6-13　生成解决方案

6.4.2　弱胶结砂岩本构计算思路

本书在第 6.2 节中提出了弱胶结砂岩的(TPHM-统计损伤)分段式本构模型,为了能够在 FLAC3D 软件中实现本构模型的计算,需要进行分步处理。对于 TPHM 模型,需要将其由应力/应变定义空间表示转变为由三维坐标空间(x,y,z)表示,因此基于式(6-1)做出如下变化:

$$
\begin{cases}
\varepsilon_x = \dfrac{(3-\gamma_t)}{3E_e}[\sigma_x - v(\sigma_y+\sigma_z)] + \dfrac{\gamma_t}{3}\left[1-\exp\left(-\dfrac{\sigma_1}{E_t}\right)l_1^2 - \exp\left(-\dfrac{\sigma_2}{E_t}\right)l_2^2 - \exp\left(-\dfrac{\sigma_3}{E_t}\right)l_3^2\right] \\[3mm]
\varepsilon_y = \dfrac{(3-\gamma_t)}{3E_e}[\sigma_y - v(\sigma_x+\sigma_z)] + \dfrac{\gamma_t}{3}\left[1-\exp\left(-\dfrac{\sigma_1}{E_t}\right)m_1^2 - \exp\left(-\dfrac{\sigma_2}{E_t}\right)m_2^2 - \exp\left(-\dfrac{\sigma_3}{E_t}\right)m_3^2\right] \\[3mm]
\varepsilon_z = \dfrac{(3-\gamma_t)}{3E_e}[\sigma_z - v(\sigma_x+\sigma_y)] + \dfrac{\gamma_t}{3}\left[1-\exp\left(-\dfrac{\sigma_1}{E_t}\right)n_1^2 - \exp\left(-\dfrac{\sigma_2}{E_t}\right)n_2^2 - \exp\left(-\dfrac{\sigma_3}{E_t}\right)n_3^2\right] \\[3mm]
\gamma_{xy} = \dfrac{2(3-\gamma_t)(1+v)}{3E_e}\tau_{xy} + \dfrac{2\gamma_t}{3}\left[\exp\left(-\dfrac{\sigma_1}{E_t}\right)-\exp\left(-\dfrac{\sigma_2}{E_t}\right)\right]l_2 m_2 + \dfrac{2\gamma_t}{3}\left[\exp\left(-\dfrac{\sigma_1}{E_t}\right)-\exp\left(-\dfrac{\sigma_2}{E_t}\right)\right]l_3 m_3 \\[3mm]
\gamma_{xz} = \dfrac{2(3-\gamma_t)(1+v)}{3E_e}\tau_{xy} + \dfrac{2\gamma_t}{3}\left[\exp\left(-\dfrac{\sigma_1}{E_t}\right)-\exp\left(-\dfrac{\sigma_2}{E_t}\right)\right]l_2 n_2 + \dfrac{2\gamma_t}{3}\left[\exp\left(-\dfrac{\sigma_1}{E_t}\right)-\exp\left(-\dfrac{\sigma_2}{E_t}\right)\right]l_3 n_3 \\[3mm]
\gamma_{yz} = \dfrac{2(3-\gamma_t)(1+v)}{3E_e}\tau_{xy} + \dfrac{2\gamma_t}{3}\left[\exp\left(-\dfrac{\sigma_1}{E_t}\right)-\exp\left(-\dfrac{\sigma_2}{E_t}\right)\right]m_2 n_2 + \dfrac{2\gamma_t}{3}\left[\exp\left(-\dfrac{\sigma_1}{E_t}\right)-\exp\left(-\dfrac{\sigma_2}{E_t}\right)\right]m_3 n_3
\end{cases}
$$

$$(6\text{-}21)$$

式中　x,y,z——三维坐标空间的 3 个坐标轴方向;

　　　l,m,n——坐标轴夹角的余弦值;

　　　α_0——尺度参数。

坐标轴夹角余弦值的计算方法见式(6-22),即

$$
\begin{cases}
\cos(i,x) = \dfrac{(\sigma_y-\sigma_i)(\sigma_z-\sigma_i)-\tau_{zy}\tau_{yz}}{\sqrt{[(\sigma_y-\sigma_i)(\sigma_z-\sigma_i)-\tau_{zy}\tau_{yz}]^2+[\tau_{zy}\tau_{xz}-\tau_{xy}(\sigma_z-\sigma_i)]^2+[\tau_{xy}\tau_{yz}-\tau_{xz}(\sigma_y-\sigma_i)]^2}} \\[4mm]
\cos(i,y) = \dfrac{\tau_{zy}\tau_{xz}-\tau_{xy}(\sigma_z-\sigma_i)}{\sqrt{[(\sigma_y-\sigma_i)(\sigma_z-\sigma_i)-\tau_{zy}\tau_{yz}]^2+[\tau_{zy}\tau_{xz}-\tau_{xy}(\sigma_z-\sigma_i)]^2+[\tau_{xy}\tau_{yz}-\tau_{xz}(\sigma_y-\sigma_i)]^2}} \\[4mm]
\cos(i,z) = \dfrac{\tau_{xy}\tau_{yz}-\tau_{xz}(\sigma_y-\sigma_i)}{\sqrt{[(\sigma_y-\sigma_i)(\sigma_z-\sigma_i)-\tau_{zy}\tau_{yz}]^2+[\tau_{zy}\tau_{xz}-\tau_{xy}(\sigma_z-\sigma_i)]^2+[\tau_{xy}\tau_{yz}-\tau_{xz}(\sigma_y-\sigma_i)]^2}}
\end{cases}
$$

$$(6\text{-}22)$$

对于 TPHM 模型,如果不考虑其中的软体部分,那么可以将其看作单一胡克弹性模型,本书用 SHM 模型表示。需要注意的是,FLAC3D 软件中的所有模型只在有效应力下工作。FLAC3D 软件中的莫尔-库仑准则用主应力 σ_1、σ_2、σ_3 表示,它们是该模型广义应力矢量的三个分量。莫尔-库仑准则可以表示为:

$$f^s = \sigma_1 - \sigma_3 N_\varphi + 2c\sqrt{N_\varphi} \tag{6-23}$$

同时,拉伸破坏准则可以表示为:

$$f^t = \sigma_3 - \sigma^t \tag{6-24}$$

式中,φ 为内摩擦角,c 为内聚力,σ^t 为拉伸强度,$N_\varphi = (1+\sin\varphi)/(1-\sin\varphi)$。此时,在 FLAC3D 软件的莫尔-库仑准则中,三轴应力可以表示为 σ_{ij},应变增量可以表示为 $\Delta\varepsilon_{ij}$。在弹性模型中,应力增量可以表示为:

$$\Delta\sigma_{ij}^{SHM} = 2G\varepsilon_{ij} + \alpha_2\Delta\varepsilon_{kk}\delta_{ij} \tag{6-25}$$

式中 δ_{ij}——克罗内克符号。

α_2——材料参数,与剪切模量 G、体积模量 K 有关,可以表示为 $\alpha_2 = K - \left(\dfrac{2}{3}\right)G$。

新的应力值可以由上述关系获得,即

$$\sigma_{ij}^I = \sigma_{ij}^O + \Delta\sigma_{ij}^{SHM} \tag{6-26}$$

σ_{ij}^O 表示某时刻的初始应力值,然后计算主应力 σ_1^I、σ_2^I、σ_3^I 及相应的方向。如果主应力 σ_1^I、σ_2^I、σ_3^I 违反复合屈服准则,则式(6-24)和式(6-25)表现为发生塑性变形。利用塑性流动规则对新的主应力分量进行修正,以确保它们位于屈服面上。如果点 (σ_1^I,σ_3^I) 位于平面 (σ_1,σ_1) 中的复合破坏包络的表示法之下,则此步骤不发生塑性流动,新的主应力由 $\sigma_i^I(i=1,3)$ 给出。

为了在 TPHM 模型中嵌入 FLAC3D 软件中的莫尔-库仑准则,应力增量可以表示为 $\Delta\sigma_{ij}^{HPHM}$,用其代替式(6-25)中的 $\Delta\sigma_{ij}^{SHM}$,采用式(6-27)进行计算:

$$\begin{cases} d\varepsilon_x = \dfrac{(3-\gamma_t)}{3E_t}[d\sigma_x - v(d\sigma_y + d\sigma_z)] + d\varepsilon_{xt} \\[2mm] d\varepsilon_y = \dfrac{(3-\gamma_t)}{3E_t}[d\sigma_y - v(d\sigma_x + d\sigma_y)] + d\varepsilon_{yt} \\[2mm] d\varepsilon_z = \dfrac{(3-\gamma_t)}{3E_t}[d\sigma_z - v(d\sigma_x + d\sigma_z)] + d\varepsilon_{zt} \\[2mm] d\gamma_{xy} - \dfrac{2(3-\gamma_t)(1+v)}{3E_t}d\tau_{xy} + d\gamma_{xyt} \\[2mm] d\gamma_{xz} - \dfrac{2(3-\gamma_t)(1+v)}{3E_t}d\tau_{xz} + d\gamma_{xzt} \\[2mm] d\gamma_{yz} - \dfrac{2(3-\gamma_t)(1+v)}{3E_t}d\tau_{yz} + d\gamma_{yzt} \end{cases} \tag{6-27}$$

其中,应变增量 $d\varepsilon_x$、$d\varepsilon_y$、$d\varepsilon_z$ 以及 $d\gamma_{xy}$、$d\gamma_{xz}$、$d\gamma_{yz}$ 是已知值。$d\varepsilon_{xt}$、$d\varepsilon_{yt}$、$d\varepsilon_{zt}$ 以及 $d\gamma_{xyt}$、$d\gamma_{xzt}$、$d\gamma_{yzt}$ 是 TPHM 模型中软体部分的应变增量,可用下式进行表示:

$$
\begin{cases}
\mathrm{d}\varepsilon_{xt} = \dfrac{(\gamma_{\mathrm{t}})}{3E_{\mathrm{e}}}\left[\exp\left(-\dfrac{\sigma_1}{E_{\mathrm{t}}}\right)l_1^2\mathrm{d}\sigma_1 + \exp\left(-\dfrac{\sigma_2}{E_{\mathrm{t}}}\right)l_2^2\mathrm{d}\sigma_2 + \exp\left(-\dfrac{\sigma_3}{E_{\mathrm{t}}}\right)l_3^2\mathrm{d}\sigma_3\right] \\[3mm]
\mathrm{d}\varepsilon_{yt} = \dfrac{(\gamma_{\mathrm{t}})}{3E_{\mathrm{e}}}\left[\exp\left(-\dfrac{\sigma_1}{E_{\mathrm{t}}}\right)m_1^2\mathrm{d}\sigma_1 + \exp\left(-\dfrac{\sigma_2}{E_{\mathrm{t}}}\right)m_2^2\mathrm{d}\sigma_2 + \exp\left(-\dfrac{\sigma_3}{E_{\mathrm{t}}}\right)m_3^2\mathrm{d}\sigma_3\right] \\[3mm]
\mathrm{d}\varepsilon_{zt} = \dfrac{(\gamma_{\mathrm{t}})}{3E_{\mathrm{e}}}\left[\exp\left(-\dfrac{\sigma_1}{E_{\mathrm{t}}}\right)n_1^2\mathrm{d}\sigma_1 + \exp\left(-\dfrac{\sigma_2}{E_{\mathrm{t}}}\right)n_2^2\mathrm{d}\sigma_2 + \exp\left(-\dfrac{\sigma_3}{E_{\mathrm{t}}}\right)n_3^2\mathrm{d}\sigma_3\right] \\[3mm]
\mathrm{d}\gamma_{xyt} = \dfrac{2\gamma_{\mathrm{t}}}{3E_{\mathrm{e}}}\left[\exp\left(-\dfrac{\sigma_2}{E_{\mathrm{t}}}\right)\mathrm{d}\sigma_2 - \exp\left(-\dfrac{\sigma_1}{E_{\mathrm{t}}}\right)\mathrm{d}\sigma_1\right]l_2 m_2 + \dfrac{2\gamma_{\mathrm{t}}}{3}\left[\exp\left(-\dfrac{\sigma_3}{E_{\mathrm{t}}}\right)\mathrm{d}\sigma_3 - \exp\left(-\dfrac{\sigma_1}{E_{\mathrm{t}}}\right)\mathrm{d}\sigma_1\right]l_3 m_3 \\[3mm]
\mathrm{d}\gamma_{xzt} = \dfrac{2\gamma_{\mathrm{t}}}{3E_{\mathrm{e}}}\left[\exp\left(-\dfrac{\sigma_2}{E_{\mathrm{t}}}\right)\mathrm{d}\sigma_2 - \exp\left(-\dfrac{\sigma_1}{E_{\mathrm{t}}}\right)\mathrm{d}\sigma_1\right]l_2 n_2 + \dfrac{2\gamma_{\mathrm{t}}}{3}\left[\exp\left(-\dfrac{\sigma_3}{E_{\mathrm{t}}}\right)\mathrm{d}\sigma_3 - \exp\left(-\dfrac{\sigma_1}{E_{\mathrm{t}}}\right)\mathrm{d}\sigma_1\right]l_3 n_3 \\[3mm]
\mathrm{d}\gamma_{yzt} = \dfrac{2\gamma_{\mathrm{t}}}{3E_{\mathrm{e}}}\left[\exp\left(-\dfrac{\sigma_2}{E_{\mathrm{t}}}\right)\mathrm{d}\sigma_2 - \exp\left(-\dfrac{\sigma_1}{E_{\mathrm{t}}}\right)\mathrm{d}\sigma_1\right]m_2 n_2 + \dfrac{2\gamma_{\mathrm{t}}}{3}\left[\exp\left(-\dfrac{\sigma_3}{E_{\mathrm{t}}}\right)\mathrm{d}\sigma_3 - \exp\left(-\dfrac{\sigma_1}{E_{\mathrm{t}}}\right)\mathrm{d}\sigma_1\right]m_3 n_3
\end{cases}
\tag{6-28}
$$

式(6-28)中的 σ_1、σ_2、σ_3 为已知量,可以通过 t 时刻的 σ_{ij}^{0} 计算获得,计算 σ_1、σ_2、σ_3 的算法函数由 FLAC3D 软件中莫尔-库仑准则的 C++ 源代码模块提供。此时主应力的增量可以表示如下:

$$
\begin{cases}
\mathrm{d}\sigma_1 = \mathrm{d}\sigma_x l_1^2 + \mathrm{d}\sigma_y m_1^2 + \mathrm{d}\sigma_z n_1^2 + 2\mathrm{d}\tau_{xy} l_1 m_1 + 2\mathrm{d}\tau_{yz} l_1 n_1 + 2\mathrm{d}\tau_{xz} m_1 n_1 \\[2mm]
\mathrm{d}\sigma_2 = \mathrm{d}\sigma_x l_2^2 + \mathrm{d}\sigma_y m_2^2 + \mathrm{d}\sigma_z n_2^2 + 2\mathrm{d}\tau_{xy} l_2 m_2 + 2\mathrm{d}\tau_{yz} l_2 n_2 + 2\mathrm{d}\tau_{xz} m_2 n_2 \\[2mm]
\mathrm{d}\sigma_3 = \mathrm{d}\sigma_x l_3^2 + \mathrm{d}\sigma_y m_3^2 + \mathrm{d}\sigma_z n_3^2 + 2\mathrm{d}\tau_{xy} l_3 m_3 + 2\mathrm{d}\tau_{yz} l_3 n_3 + 2\mathrm{d}\tau_{xz} m_3 n_3
\end{cases}
\tag{6-29}
$$

其中,l_i、m_i、n_i 可以通过式(6-21)计算得到,通过式(6-27)~式(6-29)可以得到 $\mathrm{d}\sigma_x$、$\mathrm{d}\sigma_y$、$\mathrm{d}\sigma_z$,同时可以得到 $\mathrm{d}\tau_{xy}$、$\mathrm{d}\tau_{yz}$、$\mathrm{d}\tau_{xz}$。

对莫尔-库仑准则进行修改,将其嵌入 TPHM 模型并通过 C++ 语言进行编译,将完成的动态链接库文件加载到 FLAC3D 软件中便可以进行计算,TPHM 模型的数值计算流程见图 6-14。

TPHM 模型仅能够对屈服之前的应力-应变情况进行模拟,若要反映屈服之后的应力-应变情况,还需要对相关力学参数进行折减。在岩石力学试验研究中,学者们普遍认为,岩石材料性能的逐渐退化是微裂纹的萌生、生长和聚结所致,最终导致岩石宏观失效。由应力-应变曲线可以看出,在单轴压缩作用下,岩石在达到峰值应力后,其在强度和刚度(即非脆性行为)方面都表现出突发性的退化。可以用下式表示:

$$
R = \frac{\Delta\sigma_{\mathrm{p}}}{\Delta\sigma_0} = \frac{\Delta S_{\mathrm{p}}}{\Delta S_0}
\tag{6-30}
$$

式中　$\Delta\sigma_0$、$\Delta\sigma_{\mathrm{p}}$——单轴和一般三轴条件下的强度差;

ΔS_0、ΔS_{p}——单轴和一般三轴条件下对应的刚度差异。

退化指数的定义意味着 R 值的范围为 0(无退化,延展性破坏)~1(完全退化,脆性破坏)。Fang 等[245]进而提出强度和刚度的退化可以通过退化指数来表示,且该指数与围压有密切的关系,这种关系可以表示为:

$$
R = \exp(-n_{\mathrm{d}}\sigma_3)
\tag{6-31}
$$

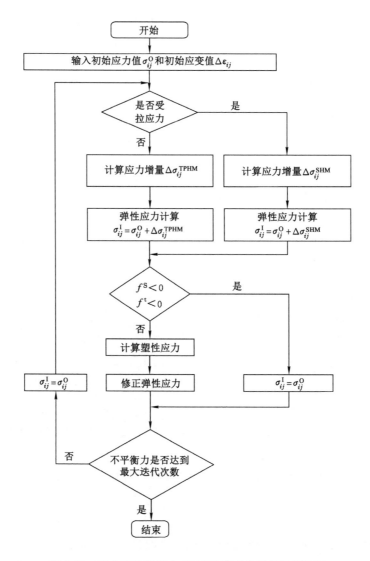

图 6-14　FLAC3D 软件中 TPHM 模型的数值计算流程

式中，n_d 为退化指数，σ_3 为围压。该指标能够描述岩石在试验中的强度弱化行为，并可作为模拟岩石破裂过程的函数关系。根据试验数据以及式(6-30)和式(6-31)，通过拟合计算得到 $n_d = 0.064\ 3$。

　　在三轴压缩试验过程中，随着围压的增加，侧向约束会在一定程度上使岩石试件内部原有的微缺陷和微裂隙闭合，对于弱胶结砂岩这类原生缺陷较多的岩石，这种闭合效果更加显著，这也导致岩石在试验过程中随着围压的增加，均质度 m 会不断加大。在本书第 6.2 节中，经对比可知，均质度 m 与围压呈正相关关系，利用二者之间的关系式[式(6-15)]，得到了不同围压下的均质度 m，见表 6-4。因此在 FLAC3D 软件中设置岩石试件模型时，需要根据表 6-2 中的岩石均质度先对每个试件单元进行均质度 m 的赋值，随后再进行其他计算。

表 6-4　均质度 m 计算表

围压/MPa	均质度 m	围压/MPa	均质度 m
0	2.88	11.5	4.36
3.5	3.54	15.5	4.87
7.5	3.76	19.5	5.39

6.4.3　本构模型的数值验证

6.4.3.1　模型建立及计算

建立的有限差分数值模型如图 6-15 所示,几何尺寸为 $\phi 50\ mm \times 100\ mm$,单元数为 6 615个,节点数为 7 488 个。边界条件采用下端固定上端位移加载的方式,加载速率为 $1.0 \times 10^{-7}\ m/step$。模型物理性质参数见表 6-5。需要指出的是,由于对程序的优化还存在不足,所以模拟过程中的计算速率较低,同时,计算结果受加载速率的影响较大。在综合考虑计算精度和计算效率的前提下,采用了上述的网格剖分方式和加载速率。

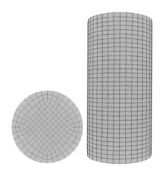

图 6-15　有限差分数值模型

表 6-5　模型物理性质参数

围压/MPa	均质度	弹性模量/GPa	泊松比	抗拉强度/MPa	摩擦角	密度均值/g·cm^{-3}	峰值强度/MPa
3.5	3.54	10.90	0.2	3.2	39°	2.61	77.15
7.5	3.76	10.80	0.2	3.2	39°	2.61	95.72
11.5	4.36	10.67	0.2	3.2	39°	2.61	107.49
15.5	4.87	10.75	0.2	3.2	39°	2.61	109.15
19.5	5.39	11.05	0.2	3.2	39°	2.61	110.43

6.4.3.2　结果对比

对表 6-5 中的 5 种不同围压条件进行 FLAC3D 有限差分数值模拟计算,计算过程中分别对不同围压的试件模型单元赋予相应的均质度 m,以得到不同围压和均质度条件下的弱胶结砂岩的应力-应变曲线。图 6-16 为数值模拟结果与物理试验结果的应力-应变曲线的对比情况。

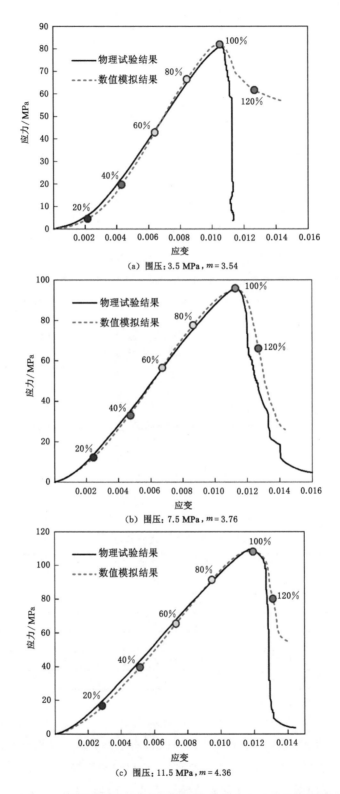

(a) 围压：3.5 MPa，$m = 3.54$

(b) 围压：7.5 MPa，$m = 3.76$

(c) 围压：11.5 MPa，$m = 4.36$

图 6-16　数值模拟结果与物理试验结果的应力-应变曲线的对比

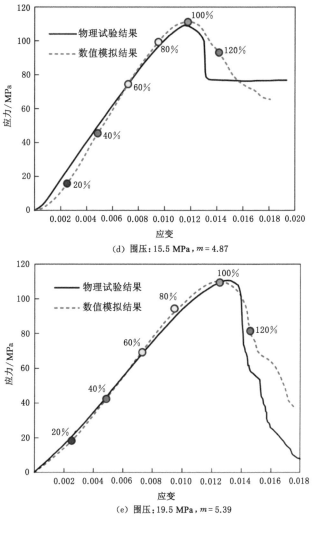

(d) 围压：15.5 MPa，$m = 4.87$

(e) 围压：19.5 MPa，$m = 5.39$

图 6-16(续)

　　由图 6-16 可以看出，几种不同围压条件下的数值模拟曲线与物理试验曲线相比，在峰前阶段二者基本实现吻合，尤其是在受压的初始阶段，相对物理试验结果，模拟试验的结果都有比较明显的压密特征。但在峰后阶段，二者的吻合程度较低，其中，围压为 3.5 MPa 和 11.5 MPa 时的物理试验应力-应变曲线分别在峰后应变为 0.011 和 0.013 时出现明显的应力突降，围压为 15.5 MPa 时的物理试验应力-应变曲线在峰后应变为 0.013 时发生应力降低后又向右呈水平直线状，与模拟试验曲线缓慢下降的趋势不一致。推测其原因在于物理试验受到压力机的影响，峰后曲线的变化出现异常。

　　由图 6-16 还可以看出，5 个数值模拟曲线的变化特征较为一致：① 压密阶段略长于试验曲线的压密阶段，表现出更加明显的上凹特征；② 数值模拟曲线的峰值强度比试验曲线的稍高；③ 在峰后阶段都表现出缓慢下降的趋势。高围压条件的数值模拟应力-应变曲线的压密阶段相对低围压条件占峰前应变阶段的比例明显降低,这一特征与前述章节的研究结果相同,即随着围压的增加,压密段长度逐渐降低。观察曲线的弹性阶段(图6-16)可以发现,围压较高时的弹性模量高于围压较低时的弹性模量,在围压的作用下,静水压力使弱胶结砂岩内部的丰富孔隙、裂隙闭合,围压越高,这种闭合的程度越高,这在一定程度上会改变岩石的均质度,由于在数值试验中对岩石单元进行了均质度赋值计算,因此数值模拟曲线也反映了这一变化。

6.4.4 应力场及损伤区分析

图6-17所示为围压为3.5 MPa时的最大主应力和损伤区的变化情况,以峰值强度对应的应变为基准,对应变进行归一化处理,从左至右、从上到下依次为应变为20%、40%、60%、80%、100%和120%时的最大主应力三维云图和损伤区变化图,其中,120%代表的是峰值应变之后继续加载,试件破坏后的主应力分布情况和损伤区。

由图6-17(a)可知,在20%峰值应变时,试件出现的应力较高的区域很少,局部区域如试件的边缘部位有一些应力升高的小区域。在40%峰值应变时,应力高的区域和20%峰值应变时类似,但应力集中的强度有所提升。观察40%峰值应变以前的应力场可以发现,前期应力集中并不多,这是因为弱胶结砂岩内部原有的孔隙、裂隙丰富,胶结物的胶结强度较低,受到荷载后会有一定的压密阶段。与单轴压缩相比,由于围压岩石均质度 m 的增大,相应的压密段长度有所降低,应力场的变化与压密段长度的变化相符合。在60%峰值应变时,应力集中区域在原有的基础上开始向周边扩展,形成小的应力集中连通区域,并且数量也有所增多。在80%峰值应变时,岩石内部开始出现裂纹,导致应力重新分布,试件顶部和中部均出现了低应力区。随着应变增加至120%,试件中部的低应力区范围扩大,其承载能力较低,从而引起应力向周边区域转移,因此在中部的低应力区旁边形成了高应力集中区。试件临近破坏时,中部的单元在应力作用下破裂,对应的应力水平急剧降低并形成宏观断裂。

由图6-17(b)可知,在20%~40%峰值应变时,试件基本上没有出现损伤,只在40%峰值应变时试件边缘部位出现少量破坏单元,这一阶段对应试件的压密阶段以及弹性变形阶段,受压应力作用,其间原有裂纹逐步闭合但并未萌生新的裂纹。在60%峰值应变时,在剪切应力作用下,试件出现明显的零星破坏单元但并未大量连通,试件中部和下部分布较多,并且在随后的变化中,破坏单元的数量快速增加。在80%~100%峰值应变时,破坏单元已经在试件内部形成多处连通区域,随着应力的增加,试件内部裂纹相互贯通直至试件破坏。

图6-18所示为围压为15.5 MPa时的最大主应力和损伤区的变化情况。由图6-18(a)可知,在20%峰值应变时,试件仅在个别位置出现轻微的应力集中点,这一阶段对应试件的压密阶段。相对围压为3.5 MPa时,高围压状态下的压密阶段明显缩短,因此在40%峰值应变时,试件内部均匀出现了较多的高应力集中区域。在60%峰值应变时,试件内部的应力集中区域的应力值继续增加,同时随着应力的增加岩石单元之间的应力分布也在不断调整,应力集中区域也会发生相应的变化。随着荷载不断增加,应力集中区域的应力升高,其区域范围也逐渐向周边扩展,最终形成连通区域。与围压为3.5 MPa时相比,试件内部没

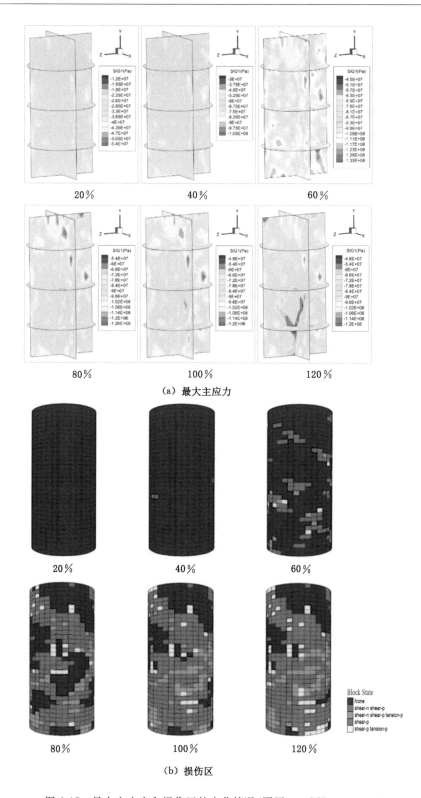

（a）最大主应力

（b）损伤区

图 6-17　最大主应力和损伤区的变化情况（围压：3.5 MPa,$m=3.54$）

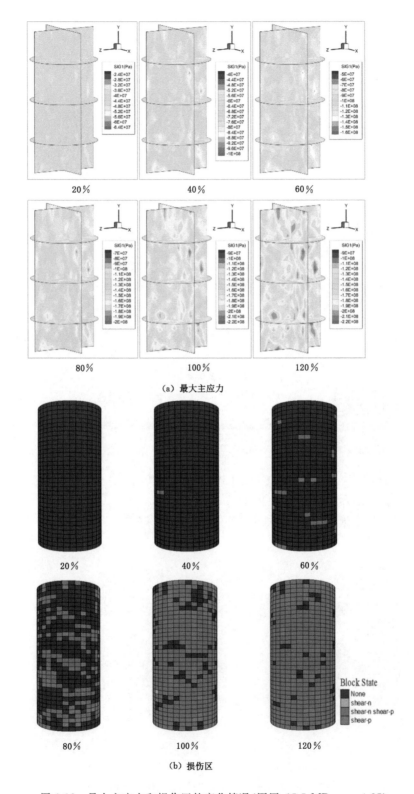

（a）最大主应力

（b）损伤区

图 6-18　最大主应力和损伤区的变化情况（围压：15.5 MPa，$m=4.87$）

有出现明显的应力弱区。

图 6-18(b)所示损伤区的变化情况,与围压为 3.5 MPa 时的情形相似,加载初期试件内部没有出现破坏单元,对比 60％峰值应变时的情况,高围压下的破坏单元数明显低于低围压下的破坏单元数,即在围压作用下,只有施加较大的外力试件才会发生破坏。在 80％峰值应变时,试件内部的破坏单元数量逐步增多,直至试件破坏。

不同的围压条件和岩石均质度是出现上述区别主要因素之一。较低的围压状态下,岩石均质度较低,此时在主应力的作用下,试件内部容易出现应力集中区且数量较多,但应力值相对较小,随着围压和岩石均质度的增加,试件内部应力较高区域的数量有所降低,但应力值相对较大。当岩石均质度较小时,试件内部存在更多的微缺陷和裂隙,在主应力作用下更容易使裂隙闭合形成应力较高的区域,而当均质度较大时,在围压的作用下,试件中的原生缺陷都已经闭合,此时需要更大的应力才能在试件内部萌生新的微裂纹,因此试件内部的应力较高区域的数量相对较少但应力值较大。与此同时,均质度较小的试件,在加载后期更容易出现应力弱区最终引发试件失稳破坏,而对于均质度较大的试件,其应力弱区相对较少。

由于计算机性能以及嵌入的本构模型代码运行效率的限制,设置的弱胶结砂岩岩芯的网格划分较为粗糙,从而导致应力场和损伤区的显示结果受网格密度的影响较大,一些应力场局部迁移和损伤区演化的细节未能在图中清晰地显示出来。

参 考 文 献

[1] 管志先,卢海燕.中国东西部煤炭资源开发前景浅析[J].煤矿现代化,2010(1):13-15.

[2] 王海宁.中国煤炭资源分布特征及其基础性作用新思考[J].中国煤炭地质,2018,30(7):5-9.

[3] 宋朝阳.弱胶结砂岩细观结构特征与变形破坏机制研究及应用[J].岩石力学与工程学报,2018,37(3):779.

[4] 王刚.弱胶结软岩大变形破坏控制理论与技术[M].北京:科学出版社,2016.

[5] 李回贵,李化敏,汪华君,等.弱胶结砂岩的物理力学特征及定义[J].煤炭科学技术,2017,45(10):1-7.

[6] 李化敏,李回贵,宋桂军,等.神东矿区煤系地层岩石物理力学性质[J].煤炭学报,2016,41(11):2661-2671.

[7] 李博融,杨更社,奚家米,等.白垩系地层冻结砂岩物理力学试验研究[J].煤炭科学技术,2015,43(5):30-33.

[8] 李清,侯健,王梦远,等.弱胶结砂质泥岩渐进性破坏力学特性试验研究[J].煤炭学报,2016,41(增刊2):385-392.

[9] 朱效嘉.软岩的水理性质[J].矿业科学技术,1996,24(3):5.

[10] 钱自卫,姜振泉,曹丽文,等.弱胶结孔隙介质渗透注浆模型试验研究[J].岩土力学,2013,34(1):139-142.

[11] 吴锐,邓金根,李明.基于颗粒流理论的弱胶结疏松砂岩的宏细观力学行为的研究[C]//西安石油大学,西南石油大学,陕西省石油学会.2017油气田勘探与开发国际会议(IFEDC 2017)论文集.东营:中国石油大学出版社,2017.

[12] 乔卫国,韦九洲,林登阁,等.侏罗白垩纪极弱胶结软岩巷道变形破坏机理分析[J].山东科技大学学报(自然科学版),2013,32(4):1-6.

[13] 杨友运,常文静,侯光才,等.鄂尔多斯白垩系自流水盆地水文地质特征与岩相古地理[J].沉积学报,2006,24(3):387-393.

[14] 汪泓,杨天鸿,徐涛,等.单轴压缩下某弱胶结砂岩声发射特征及破坏形式:以陕西小纪汗煤矿砂岩为例[J].金属矿山,2014(11):39-45.

[15] 孟庆彬,韩立军,乔卫国,等.极弱胶结地层开拓巷道围岩演化规律与监测分析[J].煤炭学报,2013,38(4):572-579.

[16] 朱光亚,李思超,柏建彪,等.弱胶结富水巷道合理支护技术研究[J].煤炭科学技术,2016,44(3):7-11.

[17] 许兴亮,张农.富水条件下软岩巷道变形特征与过程控制研究[J].中国矿业大学学报, 2007,36(3):298-302.

[18] 赵俊峰,刘池洋,喻林,等.鄂尔多斯盆地侏罗系直罗组砂岩发育特征[J].沉积学报, 2007,25(4):535-544.

[19] 王琪,马东旭,余芳,等.鄂尔多斯盆地临兴地区下石盒子组不同粒级砂岩成岩演化及 孔隙定量研究[J].沉积学报,2017,35(1):163-172.

[20] 赵虹,党犇,贾建称,等.层顶板砂岩沉积微相研究与煤矿生产安全的关系:以鄂尔多斯 盆地东北部侏罗系延安组 3-1 煤顶为例[C]//中国矿物岩石地球化学学会岩相古地理 专业委员会,中国矿物岩石地球化学学会沉积学专业委员会,中国地质学会沉积地质 专业委员会,等.第十四届全国古地理学及沉积学学术会议论文摘要集.2016.

[21] 周劲松,赵澄林,韩春元.一种新的煤系砂岩成岩模式:以北山盆地侏罗系为例[J].石油 与天然气地质,1997(4):24-29.

[22] 王海军,马良.陕北侏罗纪煤田三角洲平原沉积环境及其岩石力学特征[J].煤田地质与 勘探,2019,47(3):61-69.

[23] 何明倩,黄文辉,汪远征,等.鄂尔多斯盆地南部煤系地层中致密砂岩成岩作用及储层 特征研究[J].资源与产业,2018,20(2):33-40.

[24] 彭涛,何满潮,马伟民.煤矿软岩的黏土矿物成分及特征[J].水文地质工程地质,1995, 22(2):40-43.

[25] 张俊杰,吴泓辰,何金先,等.应用扫描电镜与 X 射线能谱仪研究柳江盆地上石盒子组 砂岩孔隙与矿物成分特征[J].地质找矿论丛,2017,32(3):434-439.

[26] 赵永刚,韩永林,梁晓伟,等.陕北斜坡中部长 2 储层主要孔隙类型及成岩作用的控制 [J].兰州大学学报(自然科学版),2014,50(1):31-38.

[27] 谢英刚,叶建平,潘新志,等.鄂尔多斯盆地临兴地区下石盒子组成岩作用类型及其对 油气储层的控制作用[J].中国矿业,2016,25(7):166-172.

[28] 李回贵,李化敏,李长兴,等.应用扫描电镜-X 射线能谱研究神东矿区砂岩中结构面的 微观结构及元素特征[J].岩矿测试,2018,37(1):70-78.

[29] 李化敏,梁亚飞,陈江峰,等.神东矿区砂岩孔隙结构特征及与其物理力学性质的关系 [J].河南理工大学学报(自然科学版),2018,37(4):9-16.

[30] 黄思静,黄培培,王庆东,等.胶结作用在深埋藏砂岩孔隙保存中的意义[J].岩性油气 藏,2007,19(3):7-13.

[31] 赵宏波.鄂尔多斯盆地榆林地区煤系地层山 2 段致密石英砂岩储集层特征及形成机理 [J].岩性油气藏,2010,22(4):57-63.

[32] 罗龙,孟万斌,冯明石,等.致密砂岩中硅质胶结物的硅质来源及其对储层的影响:以川 西坳陷新场构造带须家河组二段为例[J].天然气地球科学,2015,26(3):435-443.

[33] 范钢伟,骆韬,张东升,等.碱水作用下弱胶结粉砂岩孔隙结构分形特征与非线性劣化 机制[J].中国矿业大学学报,2024,53(1):34-45.

[34] 康天合,柴肇云,王栋,等.物化型软岩块体崩解特性差异的试验研究[J].煤炭学报,

2009,34(7):907-911.

[35] 陈登红,华心祝,段亚伟,等.深部大变形回采巷道围岩拉压分区变形破坏的模拟研究[J].岩土力学,2016,37(9):2654-2662.

[36] GONG F Q, WU W X, ZHANG L. Brazilian disc test study on tensile strength-weakening effect of high pre-loaded red sandstone under dynamic disturbance[J]. Journal of Central South University,2020,27(10):2899-2913.

[37] 柏建彪,李文峰,王襄禹,等.采动巷道底鼓机理与控制技术[J].采矿与安全工程学报,2011,28(1):1-5.

[38] 吴兴杰,靖洪文,苏海健,等.煤系地层砂岩抗拉强度及其矿物粒径效应[J].煤矿安全,2016,47(7):47-50.

[39] 王海洋,李金浜,郑仕跃,等.拉剪作用下椭圆孔洞砂岩力学及破坏特征模拟研究[J].煤炭科学技术,2023,51(8):86-96.

[40] 彭瑞东,鞠杨,谢和平.灰岩拉伸过程中细观结构演化的分形特征[J].岩土力学,2007,28(12):2579-2582.

[41] 唐欣薇,黄文敏,周元德,等.层状岩石细观构造表征及劈拉受载各向异性行为研究[J].工程力学,2018,35(9):153-160.

[42] 邓华锋,张吟钗,李建林,等.含水率对层状砂岩劈裂抗拉强度影响研究[J].岩石力学与工程学报,2017,36(11):2778-2787.

[43] 许国安.深部巷道围岩变形损伤机理及破裂演化规律研究[D].徐州:中国矿业大学,2011.

[44] 姚强岭,王伟男,李学华,等.水-岩作用下含煤岩系力学特性和声发射特征研究[J].中国矿业大学学报,2021,50(3):558-569.

[45] 孟波,靖洪文,陈坤福,等.软岩巷道围岩剪切滑移破坏机理及控制研究[J].岩土工程学报,2012,34(12):2255-2262.

[46] 许江,吴慧,陆丽丰,等.不同含水状态下砂岩剪切过程中声发射特性试验研究[J].岩石力学与工程学报,2012,31(5):914-920.

[47] 谭虎.砂岩剪切破坏特性及其断裂面形貌特征试验研究[D].重庆:重庆大学,2016.

[48] 周莉,陈栋,张庆海,等.温湿环境下砂岩变角剪切实验[J].黑龙江科技大学学报,2014,24(4):435-439.

[49] 程坦,郭保华,孙杰豪,等.非规则砂岩节理剪切变形本构关系试验研究[J].岩土力学,2022,43(1):51-64.

[50] 王春来,侯晓琳,李海涛,等.单轴压缩砂岩细观裂纹动态演化特征试验研究[J].岩土工程学报,2019,41(11):2120-2125.

[51] 宋朝阳,纪洪广,曾鹏,等.西部典型弱胶结粗粒砂岩单轴压缩破坏的类相变特征研究[J].采矿与安全工程学报,2020,37(5):1027-1036.

[52] 李术才,许新骥,刘征宇,等.单轴压缩条件下砂岩破坏全过程电阻率与声发射响应特征及损伤演化[J].岩石力学与工程学报,2014,33(1):14-23.

[53] 杨圣奇,刘相如,李玉寿.单轴压缩下含孔洞裂隙砂岩力学特性试验分析[J].岩石力学与工程学报,2012,31(增刊2):3539-3546.

[54] 吴秋红,杨毅,张科学,等.不同湿度条件下砂岩的单轴压缩力学特性及其劣化机理研究[J].中南大学学报(自然科学版),2023,30(12):4252-4267.

[55] 周子龙,熊成,蔡鑫,等.单轴载荷下不同含水率砂岩力学和红外辐射特征[J].中南大学学报(自然科学版),2018,49(5):1189-1196.

[56] 沈鑫,程桦,曹广勇.西部侏罗系砂岩低温单轴力学特性试验研究[J].赤峰学院学报(自然科学版),2018,34(7):155-157.

[57] 魏洋,李忠辉,孔祥国,等.砂岩单轴压缩破坏的临界慢化特征[J].煤炭学报,2018,43(2):427-432.

[58] 杨阳,梅力,梁启超,等.单轴压缩条件下饱水粉砂岩红外温度场的分形特征研究[J].中国矿业,2017,26(8):160-164.

[59] 李亚林,高雷,郭德顺,等.岩石三轴压缩实验的强度特性及应用[J].华南地震,2006,26(4):74-78.

[60] 孟召平,彭苏萍,凌标灿.不同侧压下沉积岩石变形与强度特征[J].煤炭学报,2000,25(1):15-18.

[61] 孟召平,彭苏萍,傅继彤.含煤岩系岩石力学性质控制因素探讨[J].岩石力学与工程学报,2002,21(1):102-106.

[62] 孟召平,彭苏萍,张慎河.不同成岩作用程度砂岩物理力学性质三轴试验研究[J].岩土工程学报,2003,25(2):140-143.

[63] 尹光志,李小双,赵洪宝.高温后粗砂岩常规三轴压缩条件下力学特性试验研究[J].岩石力学与工程学报,2009,28(3):598-604.

[64] 苏承东,付义胜.红砂岩三轴压缩变形与强度特征的试验研究[J].岩石力学与工程学报,2014,33(增刊1):3164-3169.

[65] 杨小彬,韩心星,王浩,等.三轴压缩下砂岩裂隙演化规律研究[J].煤炭技术,2017,36(9):3-5.

[66] 周杰,汪永雄,周元辅.基于颗粒流的砂岩三轴破裂演化宏-细观机理[J].煤炭学报,2017,42(增刊1):76-82.

[67] 潘孝康,陈结,姜德义,等.三轴卸围压条件下砂岩声发射统计特征[J].煤炭学报,2018,43(10):2750-2757.

[68] 邓华锋,潘登,许晓亮,等.三轴压缩作用下断续节理砂岩力学特性研究[J].岩土工程学报,2019,41(11):2133-2141.

[69] 秦涛,段燕伟,孙洪茹,等.砂岩三轴加载过程中力学特征与能量耗散特征[J].煤炭学报,2020,45(增刊1):255-262.

[70] 刘之喜,孟祥瑞,赵光明,等.真三轴压缩下砂岩的能量和损伤分析[J].岩石力学与工程学报,2023,42(2):327-341.

[71] SHAO J F,LU Y F,LYDZBA D.Damage modeling of saturated rocks in drained and

undrained conditions[J].Journal of engineering mechanics,2004,130(6):733-740.

[72] LEMAITRE J,CHABOCHE J L,MAJI A K.Mechanics of solid materials[J].Journal of engineering mechanics, 1992, 119(3):642-643.

[73] EBERHARDT E,STEAD D,STIMPSON B.Quantifying progressive pre-peak brittle fracture damage in rock during uniaxial compression[J].International journal of rock mechanics and mining sciences,1999,36(3):361-380.

[74] 周家文,杨兴国,符文熹,等.脆性岩石单轴循环加卸载试验及断裂损伤力学特性研究[J].岩石力学与工程学报,2010,29(6):1172-1183.

[75] 金解放,李夕兵,王观石,等.循环冲击载荷作用下砂岩破坏模式及其机理[J].中南大学学报(自然科学版),2012,43(4):1453-1461.

[76] 张世殊,刘恩龙,张建海.砂岩在低频循环荷载作用下的疲劳和损伤特性试验研究[J].岩石力学与工程学报,2014,33(增刊1):3212-3218.

[77] 邓华锋,胡玉,李建林等.循环加卸载过程中砂岩能量耗散演化规律[J].岩石力学与工程学报,2016,35(增刊1):2869-2875.

[78] 张后全,茅献彪,石浩,等.循环加载保载卸载下泥质砂岩滞后破坏特性[J].采矿与安全工程学报,2018,35(1):163-169.

[79] 王瑞红,危灿,刘杰,等.循环加卸载下节理砂岩宏细观损伤破坏机制研究[J].岩石力学与工程学报,2023,42(4):810-820.

[80] 李成杰,徐颖,娄培杰,等.等荷载循环加卸载下砂岩变形滞回环特性[J].科学技术与工程,2017,17(20):139-143.

[81] 李树春.周期荷载作用下岩石变形与损伤规律及其非线性特征[D].重庆:重庆大学,2008.

[82] 郑颖人,刘兴华.近代非线性科学与岩石力学问题[J].岩土力学,1996,18(1):98-100.

[83] 宋振骐,粟才全,汤建泉,等.岩石的非线性力学模型分析[J].矿业工程研究,2010,25(4):1-2.

[84] 李栋伟,汪仁和,范菊红.软岩试件非线性蠕变特征及参数反演[J].煤炭学报,2011,36(3):388-392.

[85] 汪斌,朱杰兵,邬爱清,等.高应力下岩石非线性强度特性的试验验证[J].岩石力学与工程学报,2010,29(3):542-548.

[86] 李连崇,赵瑜.基于双应变胡克模型的岩石非线性弹性行为分析[J].岩石力学与工程学报,2012,31(10):2119-2126.

[87] ZHAO Y,LIU H H.An elastic stress－strain relationship for porous rock under anisotropic stress conditions[J].Rock mechanics and rock engineering,2012,45(3):389-399.

[88] 昝月稳,俞茂宏.岩石广义非线性统一强度理论[J].西南交通大学学报,2013,48(4):616-624.

[89] 路德春,杜修力.岩石材料的非线性强度与破坏准则研究[J].岩石力学与工程学报,

2013,32(12):2394-2408.

[90] 孔志鹏,孙海霞,陈四利.岩石材料的一种非线性三参数强度准则及应用[J].岩土力学,
2017,38(12):3524-3531.

[91] 王青元,朱万成,徐涛,等.考虑孔隙压密的岩石非线性变形行为计算分析[J].中国科学
(技术科学),2018,48(5):565-574.

[92] 赵东宁,李明霞,张艳霞,等.微裂隙对灰质泥岩强度的影响分析[J].人民长江,2013,
44(22):86-89.

[93] 赵东宁,黄志全,于怀昌,等.灰质泥岩压密段变形分析与能量传递研究[J].铁道建筑,
2013,53(12):87-90.

[94] 于怀昌,李亚丽.粉砂质泥岩常规三轴压缩试验与本构方程研究[J].人民长江,2011,
42(13):56-60.

[95] 曹文贵,张超,贺敏,等.考虑空隙压密阶段特征的岩石应变软化统计损伤模拟方法[J].
岩土工程学报,2016,38(10):1754-1761.

[96] 乔彤,章光,胡少华,等.脆性岩石微裂纹压密段本构模型研究[J].中国安全生产科学技
术,2017,13(10):128-135.

[97] 赵永川,杨天鸿,刘洪磊,等.基于压密和损伤函数复合作用的单轴压缩本构关系[J].
金属矿山,2016(6):8-13.

[98] LIU H H,RUTQVIST J,BIRKHOLZER J T.Constitutive relationships for elastic
deformation of clay rock:data analysis[J].Rock mechanics and rock engineering,
2011,44(4):463-468.

[99] 张志镇,高峰.单轴压缩下红砂岩能量演化试验研究[J].岩石力学与工程学报,2012,
31(5):953-962.

[100] 谢和平,鞠杨,黎立云.基于能量耗散与释放原理的岩石强度与整体破坏准则[J].岩石
力学与工程学报,2005,24(17):3003-3010.

[101] 何满潮,苗金丽,李德建,等.深部花岗岩试样岩爆过程实验研究[J].岩石力学与工程
学报,2007,26(5):865-876.

[102] 窦林名,何学秋.冲击矿压防治理论与技术[M].徐州:中国矿业大学出版社,2001.

[103] MIKHALYUK A V,ZAKHAROV V V.Dissipation of dynamic-loading energy in
quasi-elastic deformation processes in rocks[J].Journal of applied mechanics and
technical physics,1997,38(2):312-318.

[104] 谢和平,彭瑞东,鞠杨.岩石变形破坏过程中的能量耗散分析[J].岩石力学与工程学
报,2004,23(21):3565-3570.

[105] 谢和平,彭瑞东,鞠杨,等.岩石破坏的能量分析初探[J].岩石力学与工程学报,2005,
24(15):2603-2608.

[106] 谢和平.深部岩体力学与开采理论研究进展[J].煤炭学报,2019,44(5):1283-1305.

[107] 谢和平,鞠杨,黎立云,等.岩体变形破坏过程的能量机制[J].岩石力学与工程学报,
2008,27(9):1729-1740.

[108] 张志镇,高峰.单轴压缩下岩石能量演化的非线性特性研究[J].岩石力学与工程学报, 2012,31(6):1198-1207.

[109] 杨永明,鞠杨,陈佳亮,等.三轴应力下致密砂岩的裂纹发育特征与能量机制[J].岩石力学与工程学报,2014,33(4):691-698.

[110] 丛宇,王在泉,郑颖人,等.不同卸荷路径下大理岩破坏过程能量演化规律[J].中南大学学报(自然科学版),2016,47(9):3140-3147.

[111] 赵永川,刘洪磊,杨天鸿,等.中生代砂岩细观结构对强度和能量耗散的影响[J].煤炭学报,2017,42(2):452-459.

[112] 陈子全,何川,董唯杰,等.北疆侏罗系与白垩系泥质砂岩物理力学特性对比分析及其能量损伤演化机制研究[J].岩土力学,2018,39(8):2873-2885.

[113] 侯志强,王宇,刘冬桥,等.层状大理岩破裂过程力学特性与能量演化各向异性研究[J].采矿与安全工程学报,2019,36(4):794-804.

[114] 李明,茅献彪.冲击载荷作用下砂岩破坏及能量耗变率效应的数值模拟研究[J].爆破, 2014,31(2):78-83.

[115] 王春,程露萍,唐礼忠,等.高轴压和围压共同作用下受频繁冲击时含铜蛇纹岩能量演化规律[J].爆炸与冲击,2019,39(5):53-66.

[116] 王德荣,刘昭言,刘家贵,等.砂岩和花岗岩的动态性能与能量耗散分析[J].北京理工大学学报,2017,37(12):1217-1223.

[117] 温森,吴斐,李胜,等.冲击荷载下强度比对类复合岩样能量耗散影响的研究[J].振动与冲击,2023,42(13):111-118.

[118] 张媛,许江,杨红伟,等.循环荷载作用下围压对砂岩滞回环演化规律的影响[J].岩石力学与工程学报,2011,30(2):320-326.

[119] 张志镇,高峰.单轴压缩下红砂岩能量演化试验研究[J].岩石力学与工程学报,2012, 31(5):953-962.

[120] 许江,李波波,周婷,等.循环荷载作用下煤变形与能量演化规律试验研究[J].岩石力学与工程学报,2014,33(S2):3563-3572.

[121] 张英,苗胜军,郭奇峰,等.循环荷载下花岗岩应力门槛值的细观能量演化及岩爆倾向性[J].工程科学学报,2019,41(7):864-873.

[122] 徐鹏,周剑波,黄俊,等.循环加卸载下大理岩损伤与能量演化特征[J].长江科学院院报,2020,37(3):90-95.

[123] 刘汉香,别鹏飞,李欣,等.三轴多级循环加卸载下千枚岩的力学特性及能量耗散特征研究[J].岩土力学,2022,43(增刊2):265-274.

[124] LOCKNER D. The role of acoustic emission in the study of rock fracture[J]. International journal of rock mechanics and mining sciences & geomechanics abstracts,1993,30(7):883-899.

[125] LEI X L, SATOH T.Indicators of critical point behavior prior to rock failure inferred from pre-failure damage[J].Tectonophysics,2007,431(1/2/3/4):97-111.

[126] 翟松韬,吴刚,张渊,等.高温作用下花岗岩的声发射特征研究[J].岩石力学与工程学报,2013,32(1):126-134.

[127] NOMIKOS P P, SAKKAS K M，SOFIANOS A I.Acoustic emission of Dionysos marble specimens in uniaxial compression[C]//Harmonising Rock Engineering and the Environment—Proceedings of the 12th ISRM International Congress on Rock Mechanics.Boca Raton:CRC Press,2011.

[128] ISHIDA T，KANAGAWA T，KANAORI Y. Source distribution of acoustic emissions during an in-situ direct shear test：implications for an analog model of seismogenic faulting in an inhomogeneous rock mass[J].Engineering geology,2010,110(3):66-76.

[129] 刘建坡,徐世达,李元辉,等.预制孔岩石破坏过程中的声发射时空演化特征研究[J].岩石力学与工程学报,2012,31(12):2538-2547.

[130] 裴建良,刘建锋,左建平,等.基于声发射定位的自然裂隙动态演化过程研究[J].岩石力学与工程学报,2013,32(4):696-704.

[131] RUDAJEV V,VILHELM J,LOKAJIČEK T.Laboratory studies of acoustic emission prior to uniaxial compressive rock failure[J].International journal of rock mechanics and mining sciences,2000,37(4):699-704.

[132] 尚俊龙,胡建华,周科平.单轴加载岩石损伤及声发射特性非均质效应的数值试验[J].中南大学学报(自然科学版),2013,44(6):2470-2475.

[133] 陈颙.声发射技术在岩石力学研究中的应用[J].地球物理学报,1977(4):312-322.

[134] 李术才,许新骥,刘征宇,等.单轴压缩条件下砂岩破坏全过程电阻率与声发射响应特征及损伤演化[J].岩石力学与工程学报,2014,33(1):14-23.

[135] 刘洪磊,王培涛,杨天鸿,等.基于离散元方法的花岗岩单轴压缩破裂过程的声发射特性[J].煤炭学报,2015,40(8):1790-1795.

[136] 宋义敏,邢同振,赵同彬,等.岩石单轴压缩变形场演化的声发射特征研究[J].岩石力学与工程学报,2017,36(3):534-542.

[137] 张艳博,梁鹏,孙林,等.单轴压缩下饱水花岗岩破裂过程声发射频谱特征试验研究[J].岩土力学,2019,40(7):2497-2506.

[138] 谭嘉诺,王斌,冯涛等.单轴压缩条件下加锚砂岩声发射特性及其与岩爆的联系[J].中南大学学报(自然科学版),2021,52(8):2828-2838.

[139] 张光,吴顺川,张诗淮,等.砂岩单轴压缩试验P波速度层析成像及声发射特性研究[J].岩土力学,2023,44(2):483-496.

[140] 李庶林,林朝阳,毛建喜,等.单轴多级循环加载岩石声发射分形特性试验研究[J].工程力学,2015,32(9):92-99.

[141] 付斌,周宗红,王海泉,等.大理岩单轴循环加卸载破坏声发射先兆信息研究[J].煤炭学报,2016,41(8):1946-1953.

[142] 杨小彬,韩心星,刘恩来,等.循环加卸载下花岗岩非均匀变形演化的声发射特征试验研究[J].岩土力学,2018,39(8):2732-2739.

[143] 李庶林,周梦婧,高真平,等.增量循环加卸载下岩石峰值强度前声发射特性试验研究[J].岩石力学与工程学报,2019,38(4):724-735.

[144] 王天佐,王春力,薛飞等.不同循环加卸载路径下红砂岩声发射与应变场演化规律研究[J].岩石力学与工程学报,2022,41(增刊1):2881-2891.

[145] 张朝鹏,张茹,张泽天,等.单轴受压煤岩声发射特征的层理效应试验研究[J].岩石力学与工程学报,2015,34(4):770-778.

[146] 侯鹏,高峰,杨玉贵,等.考虑层理影响页岩巴西劈裂及声发射试验研究[J].岩土力学,2016,37(6):1603-1612.

[147] 张东明,白鑫,尹光志,等.含层理岩石单轴损伤破坏声发射参数及能量耗散规律[J].煤炭学报,2018,43(3):646-656.

[148] 孙清佩,张志镇,杜雷鸣,等.层理倾角对岩石力学与声发射特征的影响研究[J].金属矿山,2017(2):7-13.

[149] WANG H,YANG T H,ZUO Y J.Experimental study on acoustic emission of weakly cemented sandstone considering bedding angle[J].Shock and vibration,2018(1):455-463.

[150] Hoek E,Brown E.T.Practical estimates of rock mass strength [J].International journal of rock mechanics and mining sciences,1997(34):1165-1187.

[151] 赵衡.岩石变形特性与变形全过程统计损伤模拟方法研究[D].长沙:湖南大学,2011.

[152] 郑颖人,孔亮.岩土塑性力学[M].北京:中国建筑工业出版社,2010.

[153] 郑颖人,沈珠江,龚晓南.岩土塑性力学原理:广义塑性力学[M].北京:中国建筑工业出版社,2002.

[154] 赵文.岩石力学[M].长沙:中南大学出版社,2010.

[155] WENG M C,JENG F S,HSIEH Y M,et al.A simple model for stress-induced anisotropic softening of weak sandstones[J].International journal of rock mechanics and mining sciences,2008,45(2):155-166.

[156] 蒋海涛,赵人达.基于非线弹性理论的混凝土Cauchy本构关系及其程序实现[J].四川建筑,2006,26(6):135-138.

[157] 孟庆彬.极弱胶结岩体结构与力学特性及本构模型研究[D].徐州:中国矿业大学,2014.

[158] 张凯.脆性岩石力学模型与流固耦合机理研究[D].武汉:中国科学院研究生院(武汉岩土力学研究所),2010.

[159] 周辉,张凯,冯夏庭,等.脆性大理岩弹塑性耦合力学模型研究[J].岩石力学与工程学报,2010,29(12):2398-2409.

[160] 贾善坡,罗金泽,杨建平,等.考虑围压影响的盐岩弹塑性损伤本构模型研究[J].岩土力学,2015,36(6):1549-1556.

[161] 张升,贺佐跃,滕继东,等.考虑结构性的软岩热弹塑性本构模型研究[J].岩石力学与工程学报,2017,36(3):571-578.

[162] 刘开云,薛永涛,周辉.基于改进 Bingham 模型的软岩参数非定常三维非线性黏弹塑性蠕变本构研究[J].岩土力学,2018,39(11):4157-4164.

[163] 李栋伟,汪仁和,范菊红.软岩屈服面流变本构模型及围岩稳定性分析[J].煤炭学报,2010,35(10):1604-1608.

[164] 周先齐,王洁,陈自力.黏塑流变本构模型力学参数辨识研究[J].地下空间与工程学报,2015,11(3):632-641.

[165] 原先凡,邓华锋,李建林.砂质泥岩卸荷流变本构模型研究[J].岩土工程学报,2015,37(9):1733-1739.

[166] 王军保,刘新荣,郭建强,等.盐岩蠕变特性及其非线性本构模型[J].煤炭学报,2014,39(3):445-451.

[167] 王者超,宗智,乔丽苹,等.横观各向同性岩石蠕变性质与本构模型研究[J].岩土工程学报,2018,40(7):1221-1229.

[168] 蒋昱州,王瑞红,朱杰兵,等.砂岩的蠕变与弹性后效特性试验研究[J].岩石力学与工程学报,2015,34(10):2010-2017.

[169] JEAN L.A continuous damage mechanics model for ductile fracture[J].Journal of engineering materials and technology,1985,107(1):83-89.

[170] Lemaitre J.How to use damage mechanics[J].Nuclear engineering and design,1984,80(2):233-245.

[171] LEMAITRE J,DESMORAT R,SAUZAY M.Anisotropic damage law of evolution[J].European journal of mechanics:A,2000,19(2):187-208.

[172] 鞠扬,谢和平.基于应变等效性假说的损伤定义的适用条件[J].应用力学学报,1998,15(1):43-50.

[173] 曹瑞琅,贺少辉,韦京,等.基于残余强度修正的岩石损伤软化统计本构模型研究[J].岩土力学,2013,34(6):1652-1660.

[174] 邓华锋,胡安龙,李建林,等.水岩作用下砂岩劣化损伤统计本构模型[J].岩土力学,2017,38(3):631-639.

[175] 朱振南,蒋国盛,田红,等.基于 Normal 分布的岩石统计热损伤本构模型研究[J].中南大学学报(自然科学版),2019,50(6):1411-1418.

[176] 张超,俞缙,白允等.基于强度理论的岩石脆延转化统计损伤本构模型[J].岩石力学与工程学报,2023,42(2):307-316.

[177] 卢允德,葛修润,蒋宇,等.大理岩常规三轴压缩全过程试验和本构方程的研究[J].岩石力学与工程学报,2004,23(15):2489-2493.

[178] 王东,张婧,陈强等.基于 3 种破坏类型的岩石损伤软化统计模型[J].岩石力学与工程学报,2015,34(增刊 2):3759-3765.

[179] 李波波,王忠晖,任崇鸿等.水-力耦合下煤岩力学特性及损伤本构模型研究[J].岩土

力学,2021,42(2):315-323.

[180] 冯小静.岩石破坏细观机理及失稳前兆声发射特征的研究[D].太原:太原理工大学,2013.

[181] 蔡美峰.岩石力学与工程[M].北京:科学出版社,2002.

[182] 杨友卿.岩石强度的损伤力学分析[J].岩石力学与工程学报,1999,18(1):23-27.

[183] JING L,HUDSON J A.Numerical methods in rock mechanics[J].International journal of rock mechanics and mining sciences,2002,39(4):409-427.

[184] YANG Y T,ZHENG H.A three-node triangular element fitted to numerical manifold method with continuous nodal stress for crack analysis[J].Engineering fracture mechanics,2016,162:51-75.

[185] LIU H Y,HAN H,An M H,et al.Hybrid finite-discrete element modelling of dynamic fracture and resultant fragment casting and muck-piling by rock blast[J].Computers and geotechnics,2016,3(3):322-345.

[186] 邢纪波.梁-颗粒模型导论[M].北京:地震出版社,1999.

[187] 周辉,谭云亮,冯夏庭,等.岩体破坏演化的物理细胞自动机(PCA)(Ⅱ):模拟例证[J].岩石力学与工程学报,2002,21(6):782-786.

[188] 梁正召.三维条件下的岩石破裂过程分析及其数值试验方法研究[D].沈阳:东北大学,2005.

[189] YU Q L,ZHU W C,RANJITH P G,et al.Numerical simulation and interpretation of the grain size effect on rock strength[J].Geomechanics and geophysics for geo-energy and geo-resources,2018,4(2):157-173.

[190] CHEN S K,WEI C H,YANG T H,et al.Three-dimensional numerical investigation of coupled flow-stress-damage failure process in heterogeneous poroelastic rocks[J].Energies,2018,11(8):1923.

[191] 韩同春,张杰.考虑含缺陷岩石的声发射数值模拟研究[J].岩石力学与工程学报,2014,33(增刊1):3198-3204.

[192] 姚池,姜清辉,邵建富,等.一种模拟岩石破裂的细观数值计算模型[J].岩石力学与工程学报 v2013,32(增刊2):3146-3153.

[193] 刘建,赵国彦,梁伟章,等.非均匀岩石介质单轴压缩强度及变形破裂规律的数值模拟[J].岩土力学,2018,39(增刊1):505-512.

[194] 杨振伟,金爱兵,王凯,等.基于颗粒流程序的黏弹塑性本构模型开发与应用[J].岩土力学,2015,36(9):2708-2715.

[195] 陆银龙,王连国.基于微裂纹演化的岩石蠕变损伤与破裂过程的数值模拟[J].煤炭学报,2015,40(6):1276-1283.

[196] 李成武,王金贵,解北京,等.基于HJC本构模型的煤岩SHPB实验数值模拟[J].采矿与安全工程学报,2016,33(1):158-164.

[197] 朱合华,黄伯麒,张琦,等.基于广义Hoek-Brown准则的弹塑性本构模型及其数值实

现[J].工程力学,2016,33(2):41-49.

[198] 李新平,赵航,肖桃李.锦屏大理岩卸荷本构模型与数值模拟研究[J].岩土力学,2012,33(增刊2):401-407.

[199] 何满潮,景海河,孙晓明.软岩工程地质力学研究进展[J].工程地质学报,2000,8(1):46-62.

[200] 宋洪柱.中国煤炭资源分布特征与勘查开发前景研究[D].北京:中国地质大学(北京),2013.

[201] 唐建云,郭艳琴,宋红霞,等.定边地区侏罗系延安组延9储层成岩作用特征[J].西安科技大学学报,2017,37(6):865-871.

[202] 刘佳庆,阳兴华,康锐,等.鄂尔多斯盆地东部太原组致密砂岩伊利石特征及成因分析[J].非常规油气,2016,3(6):41-48.

[203] 杨杰.鄂尔多斯盆地延安地区长4+5油层组致密砂岩储层特征[J].岩性油气藏,2013,25(6):25-29.

[204] 张创,罗然昊,张恒昌,等.中等地温场、长深埋期石英砂岩类储层成岩作用与孔隙度演化模式:以鄂尔多斯盆地延安地区下石盒子组为例[J].地球科学进展,2017,32(7):744-756.

[205] 何明倩,黄文辉,汪远征,等.鄂尔多斯盆地南部煤系地层中致密砂岩成岩作用及储层特征研究[J].资源与产业,2018,20(2):33-40.

[206] 赵永川,杨天鸿,肖福坤,等.西部弱胶结砂岩循环载荷作用下塑性应变能变化规律[J].煤炭学报,2015,40(8):1813-1819.

[207] ZHAO Y, LIU H H. An elastic stress-strain relationship for porous rock under anisotropic stress conditions[J].Rock mechanics and rock engineering,2012,45(3):389-399.

[208] 宋朝阳.弱胶结砂岩细观结构特征与变形破坏机理研究及应用[D].北京:北京科技大学,2017.

[209] 夏冬,杨天鸿,王培涛,等.干燥及饱和岩石循环加卸载过程中声发射特征试验研究[J].煤炭学报,2014,39(7):1243-1247.

[210] 尤明庆.岩样三轴压缩的破坏形式和Coulomb强度准则[J].地质力学学报,2002,8(2):179-185.

[211] 谭虎.砂岩剪切破坏特性及其断裂面形貌特征试验研究[D].重庆:重庆大学,2016.

[212] 赵永川,杨天鸿,秦涛,等.围压效应对钙泥质胶结砂岩强度和变形的影响[J].东北大学学报(自然科学版),2018,39(2):254-259.

[213] 杨永明,鞠杨,王会杰.孔隙岩石的物理模型与破坏力学行为分析[J].岩土工程学报,2010,32(5):736-744.

[214] 席道瑛,杜赞,易良坤,等.液体对岩石非线性弹性行为的影响[J].岩石力学与工程学报,2009,28(4):687-696.

[215] 彭俊,蔡明,荣冠,等.裂纹闭合应力及其岩石微裂纹损伤评价[J].岩石力学与工程学

报,2015,34(6):1091-1100.

[216] CAI M, KAISER P K, TASAKA Y, et al. Generalized crack initiation and crack damage stress thresholds of brittle rock masses near underground excavations[J]. International journal of rock mechanics and mining sciences,2004,41(5):833-847.

[217] EBERHARDT E, STEAD D, STIMPSON B. Quantifying progressive pre-peak brittle fracture damage in rock during uniaxial compression[J].International journal of rock mechanics and mining sciences,1999,36(3):361-380.

[218] 李回贵,李化敏,汪华君,等.弱胶结砂岩的物理力学特征及定义[J].煤炭科学技术,2017,45(10):1-7.

[219] 姜永东,鲜学福,许江,等.砂岩单轴三轴压缩试验研究[J].中国矿业,2004,13(4):66-69.

[220] 郝耐,王永亮,连秀云,等.单轴及假三轴压缩下煤矿顶板砂岩力学性能实验研究[C]//北京力学会第19届学术年会论文集,2013.

[221] 胡卸文,伊小娟,王帅雁,等.不同三轴应力途径下红砂岩力学特性试验研究[J].水文地质工程地质,2009,36(4):57-61.

[222] 李术才,许新骥,刘征宇,等.单轴压缩条件下砂岩破坏全过程电阻率与声发射响应特征及损伤演化[J].岩石力学与工程学报,2014,33(1):14-23.

[223] 何满朝,江玉生,徐华禄.软岩工程力学的基本问题[J].东北煤炭技术,1995(5):26-32.

[224] 何满潮,景海河,孙晓明.软岩工程地质力学研究进展[J].工程地质学报,2000,8(1):46-62.

[225] 何满潮,彭涛,王瑛.软岩沉积特征及其力学效应[J].水文地质工程地质,1996(2):37-39.

[226] 郭佳奇,刘希亮,乔春生.自然与饱水状态下岩溶灰岩力学性质及能量机制试验研究[J].岩石力学与工程学报,2014,33(2):296-308.

[227] 李庶林,唐海燕.不同加载条件下岩石材料破裂过程的声发射特性研究[J].岩土工程学报,2010,32(1):147-152.

[228] 夏冬,杨天鸿,王培涛,等.干燥及饱和岩石循环加卸载过程中声发射特征试验研究[J].煤炭学报,2014,39(7):1243-1247.

[229] 赵兴东.基于声发射监测及应力场分析的岩石失稳机理研究[D].沈阳:东北大学,2006.

[230] 尹贤刚,李庶林,唐海燕,等.岩石破坏声发射平静期及其分形特征研究[J].岩石力学与工程学报,2009,28(增刊2):3383-3390.

[231] 孙强,张卫强,薛雷,等.砂岩损伤破坏的声发射准平静期特征分析[J].采矿与安全工程学报,2013,30(2):237-242.

[232] GUTENBERG B,RICHTER C F.Frequency of earthquakes in California[J].Bulletin of the seismological society of america,1944,34(4):185-188.

[233] GUTENBERG B,RICHTER C F.Seismicity of the earth and associated phenomena

［M］. Princeton：Princeton University Press.1955.

［234］曾正文,马瑾,马胜利,等.岩石摩擦-滑动中的声发射 b 值动态特征及其地震学意义 ［J］.地球物理学进展,1993,(4):42-53.

［235］LOCKNER D. The role of acoustic emission in the study of rock fracture［J］. International journal of rock mechanics and mining sciences & geomechanics abstracts,1993,30(7):883-899.

［236］YIN X C,MORA P,PENG K,et al.Load-unload response ratio and accelerating moment/energy release critical region scaling and earthquake prediction［J］.Pure and applied geophysics,2002,159(10):2511-2523.

［237］杨圣奇,徐卫亚,韦立德,等.单轴压缩下岩石损伤统计本构模型与试验研究［J］.河海 大学学报(自然科学版),2004,32(2):200-203.

［238］张明,王菲,杨强.基于三轴压缩试验的岩石统计损伤本构模型［J］.岩土工程学报, 2013,35(11):1965-1971.

［239］唐春安,刘红元,秦四清,等.非均匀性对岩石介质中裂纹扩展模式的影响［J］.地球物 理学报,2000,43(1):116-121.

［240］罗荣,曾亚武,曹源,等.岩石非均质度对其力学性能的影响研究［J］.岩土力学,2012, 33(12):3788-3794.

［241］徐涛,唐春安,张哲,等.单轴压缩条件下脆性岩石变形破坏的理论、试验与数值模拟 ［J］.东北大学学报,2003,(1):87-90.

［242］曹文贵,李翔.岩石损伤软化统计本构模型及参数确定方法的新探讨［J］.岩土力学, 2008,29(11):2952-2956.

［243］罗荣,曾亚武,曹源,等.岩石非均质度对其力学性能的影响研究［J］.岩土力学,2012, 33(12):3788-3794.

［244］唐春安,王述红,傅宇方.岩石破裂过程数值实验［M］.北京:科学出版社,2003.

［245］FANG Z,HARRISON J P.Development of a local degradation approach to the modelling of brittle fracture in heterogeneous rocks［J］.International journal of rock mechanics and mining sciences,2002,39(4):443-457.